素数の
未解決問題が
もうすぐ解ける
かもしれない。

ヴィッキー・ニール 著
千葉敏生 訳

素数の
未解決問題が
もうすぐ解ける
かもしれない。

CLOSING THE GAP
The Quest to Understand Prime Numbers
by Vicky Neale

岩波書店

CLOSING THE GAP
The Quest to Understand Prime Numbers

by Vicky Neale

Copyright © 2017 by Vicky Neale

Originally published in English in 2017
by Oxford University Press, Oxford.

This Japanese edition published 2018
by Iwanami Shoten, Publishers, Tokyo
by arrangement with Oxford University Press, Oxford.

Iwanami Shoten, Publishers is solely responsible for this translation from the original work
and Oxford University Press shall have no liability for any errors, omissions or inaccuracies or ambiguities
in such translation or for any losses caused by reliance thereon.

目　次

1. はじめに　1
2. 素数とは何か？　7
3. 2013年5月──ゲーム開始　23
4. どんな難問も，問うだけなら簡単だ　27
5. 2013年5月──おかしなくらいの中毒性　37
6. 難しい問題を簡単に　41
7. 2013年6月──Polymath8, 始動　63
8. 素数はいくつ存在するか？　91
9. 2013年7月──「2」はまだ遠く　101
10. 私の鉛筆にひそむ数学性　105
11. 2013年8月──論文を書く　121
12. 素数が厄介ならほかを当たれ　127
13. 2013年11月──大躍進　155
14. 一般化　165
15. 2014年4月──ついにここまで……　191
16. 次なる目標　197

参考資料　211
索引　221

1
はじめに

　スコットランド北西部の沖合に浮かぶスカイ島のクーリン山脈に，細長い玄武岩の岩山が悠然とそそり立っている。「インアクセシブル・ピナクル（＝到達不可能な岩峰）」と呼ばれるその岩山は，クーリン山脈の探検に出かけた 19 世紀の初期の開拓者たちにとって，その名のとおり登頂するのは不可能に見えた。実際，19 世紀までは誰ひとりとして登頂できなかったし，今でも手強い登山にはちがいないが，登れないほどの難コースというわけではない。天候さえよければ，初心者でもツアーガイドの助けを借りて山頂まで到達できる。

　数学の探求もこの種の冒険とよく似ている。数学者はこれから挑もうとしている数学的問題の前に立つと，その表面をざっと見渡し，攻略するための足がかりや岩の割れ目を探す。しばらく観察していると，左側に岩の割れ目，右上にどこかで聞いた攻略ルートを思い出させるようなパターンがうっすらと見えてくる。こうして気づいた特徴を総合すれば，岩肌を登るルートが思い描ける。しかし，目の前の小さな突起が足がかりになるという保証はないし，頂上付近に思わぬ難所が待ち受けている可能性もある。

　それでも，いったん攻略の道筋を心に思い描いたら，「細かい部分はあとでなんとかなるだろう」と信じて，とりあえず登りはじめることはできる。手の届かなそうな難所が待ち受けているように見えても，もう少し近くまで行ってみれば，絶妙な場所に指を入れる

岩の割れ目が見つかるかもしれない。

　不幸にも、頂上まで残り4分の1というところで足下の岩が崩落し、あなたは少しすべり落ちてしまう。それでも、粘り強くがんばっていれば、いつかは頂上までたどり着けるかもしれない。

　誰かが登頂に成功したとたん、それまで近づきがたかった山はずっと登りやすくなる。誰かが登れたなら、自分にも登れるはずだとわかるからだ。登頂者の記録を読んだり、その登頂ルートを人づてに聞いたりすれば、まったく同じ道をあなた自身でたどり直すことさえできるかもしれない。先駆者たちにとっては危険で困難だった道のりが、いつの間にか当たり前になり、登山の初心者に打ってつけの週末のお散歩コースになることさえあるだろう。

　もちろん、これだけで数学研究とはどういうものなのかを説明しきれるわけではないし、たぶんロッククライミングの描写としてもあまり正確ではないだろう。しかし、数学をロッククライミングにたとえることにはれっきとした意味がある。

　ふつう、ロッククライミングには多くの人々が参加する。個人ではなくチームでチャレンジすることが多いし、多くのチームが同じ岩肌に戦いを挑む。数学の世界では、孤高の数学者が英雄的な発見にたどり着くというロマンチックな物語をよく耳にする。数学の共同研究についてはあまり知られていないが、21世紀になってようやく大人数による共同研究も行われるようになった。本書では、ひとりの人物がたどり着いた大発見、つまり最高にロマンチックな物語を紹介する一方で、大人数による新たな共同研究にもスポットライトを当て、数学者たちの思考の脈絡を暴き出していきたいと思う。この冒険において、数学者たちの前に立ちはだかる"インアクセシブル・ピナクル"とはなんだろうか？　それはずばり、数学界でもっとも有名な未解決問題の1つである「双子素数予想」だ。双子素

数予想について詳しくは，今後の章でじっくりとお話ししていこうと思う。

　私は登山家ではない。あなたが登山家なら，これまでの私のつたない説明からそのことに感づいたことだろう。でも，休日にスカイ島まで出かけて散歩をするのは大好きだ。登山は素人だし，危険な旅にひとりきりで出かけるのは不安だが，クーリン山脈の麓を歩いてすばらしい1日を過ごしたことは何度もある。そのたび，私は個人的な目標を掲げ，絶景を楽しみ，雲間から顔をのぞかせる山の頂に目をやっては，過去に登頂した人々の技術，体力，勇気にしみじみと感嘆するのだ。

　本書は，数学という高い山の麓の散策を楽しみたい人に向けて書かれたものだ。私は，私自身がスカイ島の旅に付き添ってくれたらうれしいと思うような山岳ガイドの役を務めたいと考えている。みなさんに絶景を見てもらいたい。山頂を遠くに望みながら，その山を登る人々の物語を聞かせてあげたい。と同時に，私のお気に入りの山麓ルートを歩きながら，将来的にもっと険しい道のりにも挑みたいと思うみなさんのために，冒険コースもいくつか紹介してみたい。当然，今回の旅は険しいものになるだろう。もちろん，なるべく絶景を見ながら気楽に散歩ができるような旅のルートを慎重に選んだつもりだが，ところどころで険しい道，手の届かなそうな難所にも出くわすだろう。しかし，みなさんには一般のハイカーと比べてかなり有利な点が1つある。今のあなたの手には負えない難所に差しかかったとしても，そこで引き返す必要はない。ページをめくり，一気にすっ飛ばしてしまえばいいのだ。そういう難所に差しかかったときには，そのつど注意を促すつもりだが，初読で詳しく理解する気がなくても，とりあえず流し読み程度はして，おおよその内容をつかむようにしてほしい。数学者たちでさえ，お互いの論文

や本を読むときにはたいていそうしているのだから。

　さあ，舞台は整った。いよいよ出発の時間だ。みなさんが数学仕様の登山靴を履いている時間を利用して，何人かの人々にお礼を述べたい。

　本書の完成に貢献してくれた数々の友人や同僚たちにはとても感謝している。フランシス・カーワンは書きはじめのころから私を励ましつづけてくれた。ティム・ガワーズ，ベン・グリーン，ジェームズ・メイナードは，貴重な時間を割いて，自分たちやほかの人々の研究について説明してくれた。ジェニファー・バラクリシュナン，レベッカ・コットン＝バラット，チャーリー・ギルダーデイル，リジー・キンバー，アースラ・マーティン，ジョン・メイソン，ロビン・ウィルソンは，原稿（時にはその直し）を読み，建設的な意見や励ましを寄せてくれた。もちろん，それでもまだミスが残っているとすればすべて私の責任だ。当時オックスフォード大学出版局にいたキース・マンスフィールドは，本書の執筆開始当初に私を支えてくれ，出版プロセスの初期の段階でお世話になった。キースの後任のダン・テイバーは，どこまでも我慢強く親切な人物で，本書の原題を考案してくれた。

　本篇では，現在や過去のさまざまな数学者の名前が登場する。当然ながら，本書の物語と関連する研究を行った全員の名前を挙げることはできなかった。本書で貢献内容をはっきりと述べることができなかった方々にはとても申し訳なく思っている。しかし，そうした人々の研究がなければ，ここまでの進展がなかったことは言うまでもない。

　当時は想像もしていなかったが，本書の執筆はある意味，私がケンブリッジ大学マレー・エドワーズ・カレッジのフェローだった時代に始まったといっても過言ではない。当時，同僚たちが私に研究

発表の場を設けてくれたおかげで，私はどうすればいろいろな経歴をもつ好奇心旺盛な聴衆に加法的整数論のアイデアをわかりやすく説明できるのか，試行錯誤をせざるをえなくなった。貴重なサポートや友情を捧げてくれたマレー・エドワーズ・カレッジの元同僚たちには本当に感謝している。また，オックスフォード大学数学研究所およびオックスフォード大学ベリオール・カレッジの現同僚たちは，オックスフォード大学に私を温かく迎え入れてくれ，本書を執筆する環境をつくってくれた。第10章の執筆のヒントになった鉛筆は，「マジック・マスワークス・トラベリング・サーカス」のポール・スティーヴンソンからいただいたものだ。この鉛筆のアイデアは本当にタメになった。以降の章で紹介している画像や比喩の一部はチャーリー・ギルダーデイルとの会話に発想を得たもので，数学や数学教育について熱い議論を交わしてくれた彼にはとても感謝している。

　そしてもちろん，私の教え子たちや元教え子たち，私が長年交流している学生たちも常に発想の源になっている。本当にありがとう。

　さて，数学仕様の登山靴は履けただろうか？　さっそく，素数を理解する旅へと出かけよう！

2
素数とは何か？

本書ではこれから素数の話をしていくつもりなので，まずは「素数とは何か？」について説明(復習)しておく必要があるだろう。平たくいうと，素数とは割り切れない数のことだ。図に描いて説明しよう(図 2.1)。

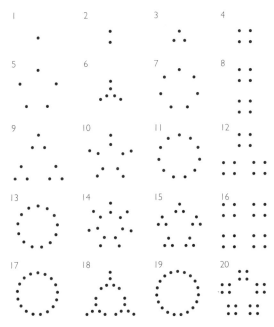

図 2.1　因数分解。http://www.datapointed.net/visualizations/math/factorization/animated-diagrams/ を参考にした

ある数を図示するには、点を同じ個数ずつの束に分ける方法を見つけなければならない。このとき、その数をなるべく細かく分割することが大事だ。たとえば、15 は 3 の山が 5 つ（つまり 15＝5×3）なので、図 2.1 のようになる。また、18 は 2 の山を 3 つ束ねたものが 3 つ（つまり 18＝3×3×2）なので、やはり図 2.1 のようになる。18 を分割する方法は 18＝3×6 や 18＝2×9 など、ほかにもあるが、どちらももっと細かく分割できる（6＝2×3、9＝3×3 なので）。しかし、2, 3, 5 は割り切れない数なので、それ以上細かく分割できない。なので、この数でやめるわけだ。

　このように、それ以上分割できない数のことを**素数**と呼ぶ。図 2.1 で輪っかを形成している点の集まりが素数に相当する（ただし、2 のみ例外。2 は素数だが、輪っかをつくるだけの点がない）。たとえば、11 個の点を同じ個数ずつ分ける方法はない。すでに説明したとおり、2, 3, 5 は割り切れないので素数だ。だからこそ、15 や 18 を分割するときは 2, 3, 5 よりも細かくできないのだ。

　2 以上のすべての正の整数は少なくとも 2 つの**因数**、つまりその整数をちょうど割り切る数をもつ。それは 1 とその整数自身だ。（因数は**約数**とも呼ばれる。）素数とは、因数が 1 とその数自身しかない数のことだ。たとえば、13 の因数は 1 と 13 だけなので、13 は素数となる。一方、12 は図 2.1 を見ればわかるとおり素数ではない。12 は 1 や 12 で割り切れるが、ほかにも因数をもつ。たとえば、12＝3×4 なので、12 は 3 でも（そして 4 でも）割り切れる。

　念のために言っておくと、1 は素数ではない。それは哲学的に面白い理由があるからとか、割り切れる数が 2 つではなく 1 つしかないからではない。「素数とは何か？」というような数学の定義は、石版に刻まれた状態で数学者に与えられるわけではない。むしろ、興味深い数学を展開できるような優れた定義を考えることこそ、数

学者の大事な仕事の1つなのだ。そして，1を素数でないと定義しておいたほうが何かとうまくいくことがわかっている。この点についてはまたあとで。

素数とはいわばすべての整数を構築する材料であり，数学の根幹をなすものだ。この点は先ほどの図によく見てとれる。第12章でもう少し詳しく説明するが，ある問題を解くためには，素数に関してのみその問題を解けば十分な場合もある。素数についてのみ考察すれば，そこからすべての整数に対する答えが導き出せる場合もあるからだ。

素数のパターン

素数をじっくり眺めてみよう(図2.2)。

1	2	3	4	5	6	7	8	9	10
11	12	13	14	15	16	17	18	19	20
21	22	23	24	25	26	27	28	29	30
31	32	33	34	35	36	37	38	39	40
41	42	43	44	45	46	47	48	49	50
51	52	53	54	55	56	57	58	59	60
61	62	63	64	65	66	67	68	69	70
71	72	73	74	75	76	77	78	79	80
81	82	83	84	85	86	87	88	89	90
91	92	93	94	95	96	97	98	99	100

図2.2　100までの素数

この表を掲載したのはなぜか？　この配置を見ると，いろいろな面白いパターンが見えてくるからだ。数学者にとって重要なのは，「同じパターンがその後も続くのか？」という疑問だ。表の下に行をどんどん追加していっても，同じパターンが延々と続くのか？それとも，このパターンは最初の数行だけで終わってしまうのか？

たとえば，1つ気づくのは，まったく色が塗られていない列があることだ。先頭が4, 6, 8, 10の列には，少なくともこの表の範囲には素数がない。このパターンは行を増やしていっても続くのか？

　少し考えれば，これらの列の数はすべて偶数，つまり2の倍数であることに気づく。ところが，2よりも大きい偶数は素数ではありえない。1とその数自身だけでなく，2でも割り切れるからだ。なので，表にどれだけ行を追加していっても，絶対に4, 6, 8, 10の列には素数が登場しないと言い切れる。

　これこそ数学のパワーだ。一部のデータを観察し，パターンらしきものを見つけ，予想を立て（予想とは，正しいと考えられる命題），その予想を証明する。そして，証明に成功すれば，その命題はまちがいなく正しいと確信することができる。私が愛してやまないのは，数学のもつこの確実性なのだ。

　つい先ほど，2だけが唯一の偶数の素数であると述べた。表でいえば，2, 4, 6, 8, 10の列で灰色に塗られている数は2だけだということになる。この列のほかの数は，この表に掲載されていない無数の数も含めて，すべて灰色（素数）ではないとわかる。

　これが世紀の大発見でないことは認めよう。しかし，私たちが表を見て気づき，説明しようとするパターンの典型的な例ではある。

　同じように，5の列で灰色に塗られている数は5だけである点にも気づくだろう。このパターンは永遠に続くのだろうか？

　5の列にある数はどれも5の倍数であり，5を除く5の倍数はすべて素数ではない（1とその数自身のほかに，5でも割り切れるので）。よって，5の列で唯一の素数は5だけだ。

　5のほかの倍数はすべて10の列にあり，それらは偶数でもある。しかし，偶数である時点ですでに素数でないことはわかっている。

　同じ戦略を2と5以外の数にも使えるだろうか？　たとえば，3

の倍数は表内のどこにあるだろう？ 図2.3に示してある。

1	2	3	4	5	6	7	8	9	10
11	12	13	14	15	16	17	18	19	20
21	22	23	24	25	26	27	28	29	30
31	32	33	34	35	36	37	38	39	40
41	42	43	44	45	46	47	48	49	50
51	52	53	54	55	56	57	58	59	60
61	62	63	64	65	66	67	68	69	70
71	72	73	74	75	76	77	78	79	80
81	82	83	84	85	86	87	88	89	90
91	92	93	94	95	96	97	98	99	100

図2.3　100までの3の倍数

ここにも面白いパターンがある。表を見ると，右上から左下へと斜めの模様ができている。2や5のときと同じ推論で，3を除く3の倍数はすべて素数ではありえない（1とその数自身に加えて3が因数になるため）。このことから，この表についてすぐに何かがわかるが，その意味は2や5の倍数のときほど明確なわけではない。実は，第10章で詳しく説明する内容と関係がある。

ほかに浮かぶ疑問は？

もう1つ浮かんでくる疑問がある。図2.2の表の下にどんどん行を追加していっても，素数（灰色の数字）はいつまでも現れつづけるのか？ 表の下に行くにつれて，素数はまばらになっていっているように見える。73, 79, 83, 89, 97という部分を見てみると，素数どうしの間隔がずいぶんと離れていることがわかる。素数のスイレンだけを渡っていくカエルは，素数でない数を避けるためにどんどん長い距離をジャンプしなければならなくなる。直感的にはこれは納得できる。数が巨大になればなるほど，割り切る数の候補が増えて

いくので，素数になりにくくなるはずだ。

では，いつかは最大の素数に到達するのだろうか？ 2通りの，まるきり正反対の可能性が考えられる。

1つは，最大の素数が存在するというシナリオ。この場合，その素数以降の数はすべて，それよりも小さいいずれかの数で割り切れることになる。つまり，先ほどの表には灰色の項目が現れなくなる。

もう1つは，最大の素数は存在しないというシナリオ。この場合，表をどれだけ下に行ったとしても，灰色の項目が見つかりつづける（多少まばらにはなるが）。つまり，素数は無数に存在する。

果たして，どちらの命題が正しいだろう？ コンピューターの助けを借りれば，この表のずっと大きなバージョンをつくり，100万，あるいは10億までの数をしらみつぶしに調べることもできる。それで何がわかるだろうか？ ずばり，何もわからないのだ！ 延々と素数が見つかりつづけるかもしれないし，そうでないかもしれない。いずれにしても，まだチェックしていないすべての数がどうなるかはわからない。そして，いくら調べたとしても調べ終わらない。コンピューターの証拠は，最大の素数が存在するかどうかについて予想を立てる助けにはなっても，最終判決にはなりえないのだ。

幸い，数学者たちはこの疑問をすでに解決している。その答えは，

古代ギリシアのもっとも有名な数学者のひとり，ユークリッドまでさかのぼる。紀元前325年ごろに生まれ，紀元前265年ごろに亡くなった彼は，存命中，エジプトのアレクサンドリアで暮らし，数学に多大な貢献を行った。あなたもおそらく，彼が一連の著書『原論』で詳しく記したユークリッド幾何学に触れたことがあるだろう。ユークリッド幾何学とは，私たちが学校で最初に習う三角形，円，ピタゴラスの定理などが登場する幾何学のことだ。しかし，『原論』の内容は幾何学ばかりでなく，数論（整数の性質に関する研究）も含まれていた。彼はこの『原論』のなかで，素数が無数に存在すること，つまり最大の素数は存在しないことを証明した。こうして，素数が無数に存在するという命題は，正しいことを数学者が証明した**定理**となったわけだ。

定理 素数は無数に存在する。

　ユークリッドはその証明に**背理法**と呼ばれる戦略を用いた。彼の議論のあらましはこうだ。まず，1つの思考実験を行う。内心では素数は無数に存在すると思っているのだが，あえて宇宙には素数が有限個しか存在しないものと仮定し，その宇宙の様子を探るのだ。すると，素数が有限個しか存在しない宇宙では，このあと説明するように，正しいと同時に正しくない命題が生まれてしまう。この状態を**矛盾**と呼ぶ。この状態は起こりえないので（つまり矛盾はあってはならないので），かような宇宙は存在しえない。よって，素数は無数に存在しなければならない，という論法だ。では，この証明についてもう少し詳しく説明してみよう。

　まず，素数が有限個しか存在しないと仮定する。すると，最大の素数 p が存在することになるので，この世界に存在する素数を

$2, 3, 5, 7, \ldots, p$ という具合にすべて列挙することができる。たとえば、この世界の最大の素数が17だとすれば、$2, 3, 5, 7, 11, 13, 17$ と列挙できる。

ここからが巧妙な部分だ。そのすべての素数を掛けあわせ、1を足す。つまり、$(2 \times 3 \times 5 \times 7 \times \ldots \times p) + 1$ という数を考えるのだ。

これはかなり巨大な数で、未知の最大素数 p が含まれるので具体的な値はわからないが、この思考実験に関してはなんの問題もない。

この数について1ついえるのは、素因数（素数の因数）をもつということだ。なぜなら、1より大きいすべての整数は素因数をもつからだ。（つまり、その数自体が素数であるか、その数よりも小さい素数で割り切れる。）

その素因数は？

2ではありえない。2の倍数+1という形の数は2で割ったときに必ず1余るからだ。

3ではありえない。3の倍数+1という形の数は3で割ったときに必ず1余るからだ。

5でもありえない。なぜなら……言うまでもないだろう。p までのすべての素数についても同じことがいえる。

先ほどつくった $(2 \times 3 \times 5 \times 7 \times \ldots \times p) + 1$ という数は素因数をもつのだが、$2, 3, 5, 7, \ldots, p$ のどの素数でも割り切れない。

しかし、$2, 3, 5, 7, \ldots, p$ はこの世界のすべての素数だったはずだ！

よって、**矛盾**に到達した。なんらかの素数で割り切れるが、その世界のどの素数でも割り切れない数が見つかってしまったのだ。

このことから、最初の仮定、つまり素数が有限個しか存在しないという仮定がまちがっていたことになる。よって、素数は無数に存

在する。□

　（末尾の小さい□は，数学者が証明終了という意味で使う記号。昔は，証明の終わりにQEDと記すこともあった。*Quod Erat Demonstrandum* の略で，ラテン語で「これが証明すべきことであった」くらいの意味。□記号も同じ意味だが，私はもう少し気軽に使っている。）

　ここで，1つだけ注意がある。$(2 \times 3 \times 5 \times 7 \times \ldots \times p) + 1$ が $2, 3, 5, 7, \ldots, p$ のいずれでも割り切れないからといって，$(2 \times 3 \times 5 \times 7 \times \ldots \times p) + 1$ 自体が素数だとはかぎらない。もちろん，素数の場合もある。たとえば，$(2 \times 3 \times 5 \times 7 \times 11) + 1$，つまり 2,311 は素数だ。しかし，$(2 \times 3 \times 5 \times 7 \times 11 \times 13) + 1 = 30{,}031 = 59 \times 509$ なので素数ではない。先ほどの証明で構成した数が常に素数だと信じたくなるが，実際にはちがう。ただ，この点はユークリッドの議論において重要ではない。重要なのは，この数が最初に列挙したどの素数でも割り切れないという点なのだ。

　ユークリッドの証明にはうっとりしてしまう。「素数は無数に存在する」という命題はあまりにも難解で，一見すると永遠に証明できなさそうに思える（素数を数え上げていってもキリがないので）。それなのに，ユークリッドは2つの絶妙なアイデアを用いて定理を証明している。1つは背理法，もう1つは有限個の素数を使ってそのなかのどの素数でも割り切れない新しい数をつくるというアイデアだ。自分で思いつくとなると難しいけれど，誰かから聞いてじっくりと考えれば，当然とすら思えてくるような見事な証明だ。そして，ユークリッドの手法は，ほかの似たような結果（たとえば，一定の性質をもつ素数が無数に存在するという命題）を証明するための戦略も与えてくれる。数学者は常にこういうことをしている。いったん名案を手に入れたら，できるかぎりそのアイデアを使い回そうとするのだ。詳しくはまたあとで。

素数の間隔

最大の素数が存在しないことはわかった。つまり、表をどこまで延長しても、新しい素数が見つかりつづけるということだ。しかし、表の下に行くにつれて、素数の出現頻度がどんどんまばらになっていくという可能性はある。先ほども話したとおり、直感では巨大な数は素数になりにくいように思える。巨大な数を割り切る可能性のある数がどんどん増えていくからだ。

しかし、真相はそれほど単純でないことがわかっている。こういうことは素数の世界では日常茶飯事だ。ようやく素数を理解したと思ったとたん、意外な事実が浮かび上がってきて、私たちを驚かせる。本当に面白い。この点こそ、素数の研究を魅力的なものにしている特徴の1つなのだ。

今回の場合、表を100までの数に絞ったのが誤解の元凶だ。次の1行を加えるだけで、とたんに状況は少しちがって見えてくる(図2.4)。

1	2	3	4	5	6	7	8	9	10
11	12	13	14	15	16	17	18	19	20
21	22	23	24	25	26	27	28	29	30
31	32	33	34	35	36	37	38	39	40
41	42	43	44	45	46	47	48	49	50
51	52	53	54	55	56	57	58	59	60
61	62	63	64	65	66	67	68	69	70
71	72	73	74	75	76	77	78	79	80
81	82	83	84	85	86	87	88	89	90
91	92	93	94	95	96	97	98	99	100
101	102	103	104	105	106	107	108	109	110

図2.4　110までの素数

なんということだろう。101, 103, 107, 109 はどれも素数で，しかもかなり密集している。

　では，もっと行を追加したらどうなるのか？　紙面にもっとたくさんの数が収まるよう表を縮小してみると，おおよそのイメージをつかむことができる（図 2.5）。

　この縮小した表を見てみると，素数は全体的にだんだんまばらになっていくように見えるものの，密集した素数もところどころ現れる。347 と 349，659 と 661，そして 821, 823, 827, 829 というちょっとした素数の密集地帯もある。

　となると，当然こんな疑問が浮かんでくる。平均的に見れば素数はどんどんまばらになっていくとしても，素数の密集地帯はたまに現れつづけるのか？　たとえば，差が 2 の素数の組は無数に存在するのか？　図 2.6 で色を塗った 3 と 5，17 と 19，101 と 103 のように，差が 2 の素数の組のことを**双子素数**と呼ぶ。

　ユークリッドも双子素数の組が無数に存在するのかと考えたのだろうか？　素数が無数に存在することを証明したのだから，次にそんな疑問を抱くのは自然に思える。残念ながら，私にはこの疑問の答えはわからないが……。

図 2.5-1　500 までの素数

501	502	**503**	504	505	506	507	508	**509**	510
511	512	513	514	515	516	517	518	519	520
521	522	**523**	524	525	526	527	528	529	530
531	532	533	534	535	536	537	538	539	540
541	542	543	544	545	546	**547**	548	549	550
551	552	553	554	555	556	**557**	558	559	560
561	562	**563**	564	565	566	567	568	**569**	570
571	572	573	574	575	576	**577**	578	579	580
581	582	583	584	585	586	**587**	588	589	590
591	592	**593**	594	595	596	597	598	**599**	600
601	602	603	604	605	606	**607**	608	609	610
611	612	**613**	614	615	616	**617**	618	**619**	620
621	622	623	624	625	626	627	628	629	630
631	632	633	634	635	636	637	638	639	640
641	642	**643**	644	645	646	**647**	648	649	650
651	652	**653**	654	655	656	657	658	**659**	660
661	662	663	664	665	666	667	668	669	670
671	672	**673**	674	675	676	**677**	678	679	680
681	682	**683**	684	685	686	687	688	689	690
691	692	693	694	695	696	697	698	699	700
701	702	703	704	705	706	707	708	**709**	710
711	712	713	714	715	716	717	718	**719**	720
721	722	723	724	725	726	**727**	728	729	730
731	732	**733**	734	735	736	737	738	**739**	740
741	742	**743**	744	745	746	747	748	749	750
751	752	753	754	755	756	**757**	758	759	760
761	762	763	764	765	766	767	768	**769**	770
771	772	**773**	774	775	776	777	778	779	780
781	782	783	784	785	786	**787**	788	789	790
791	792	793	794	795	796	**797**	798	799	800
801	802	803	804	805	806	807	808	**809**	810
811	812	813	814	815	816	817	818	819	820
821	822	**823**	824	825	826	**827**	828	**829**	830
831	832	833	834	835	836	837	838	**839**	840
841	842	843	844	845	846	847	848	849	850
851	852	**853**	854	855	856	**857**	858	**859**	860
861	862	**863**	864	865	866	867	868	869	870
871	872	873	874	875	876	**877**	878	879	880
881	882	**883**	884	885	886	**887**	888	889	890
891	892	893	894	895	896	897	898	899	900
901	902	903	904	905	906	**907**	908	909	910
911	912	913	914	915	916	917	918	**919**	920
921	922	923	924	925	926	927	928	**929**	930
931	932	933	934	935	936	**937**	938	939	940
941	942	943	944	945	946	**947**	948	949	950
951	952	**953**	954	955	956	957	958	959	960
961	962	963	964	965	966	**967**	968	969	970
971	972	973	974	975	976	**977**	978	979	980
981	982	**983**	984	985	986	987	988	989	990
991	992	993	994	995	996	**997**	998	999	

図 2.5-2　501 から 999 までの素数

第 2 章　素数とは何か？

1	2	**3**	4	**5**	6	**7**	8	9	10
11	12	**13**	14	15	16	**17**	18	**19**	20
21	22	23	24	25	26	27	28	**29**	30
31	32	33	34	35	36	37	38	39	40
41	42	**43**	44	45	46	47	48	49	50
51	52	53	54	55	56	57	58	**59**	60
61	62	63	64	65	66	67	68	69	70
71	72	**73**	74	75	76	77	78	79	80
81	82	83	84	85	86	87	88	89	90
91	92	93	94	95	96	97	98	99	100
101	102	**103**	104	105	106	**107**	108	**109**	110
111	112	113	114	115	116	117	118	119	120
121	122	123	124	125	126	127	128	129	130
131	132	133	134	135	136	**137**	138	**139**	140
141	142	143	144	145	146	147	148	**149**	150
151	152	153	154	155	156	157	158	159	160
161	162	163	164	165	166	167	168	169	170
171	172	173	174	175	176	177	178	**179**	180
181	182	183	184	185	186	187	188	189	190
191	192	**193**	194	195	196	**197**	198	**199**	200
201	202	203	204	205	206	207	208	209	210
211	212	213	214	215	216	217	218	219	220
221	222	223	224	225	226	**227**	228	**229**	230
231	232	233	234	235	236	237	238	**239**	240
241	242	243	244	245	246	247	248	249	250
251	252	253	254	255	256	257	258	259	260
261	262	263	264	265	266	267	268	**269**	270
271	272	273	274	275	276	277	278	279	280
281	282	**283**	284	285	286	287	288	289	290
291	292	293	294	295	296	297	298	299	300
301	302	303	304	305	306	307	308	309	310
311	312	**313**	314	315	316	317	318	319	320
321	322	323	324	325	326	327	328	329	330
331	332	333	334	335	336	337	338	339	340
341	342	343	344	345	346	**347**	348	**349**	350
351	352	353	354	355	356	357	358	359	360
361	362	363	364	365	366	367	368	369	370
371	372	373	374	375	376	377	378	379	380
381	382	383	384	385	386	387	388	389	390
391	392	393	394	395	396	397	398	399	400
401	402	403	404	405	406	407	408	409	410
411	412	413	414	415	416	417	418	**419**	420
421	422	423	424	425	426	427	428	429	430
431	432	**433**	434	435	436	437	438	439	440
441	442	443	444	445	446	447	448	449	450
451	452	453	454	455	456	457	458	459	460
461	462	**463**	464	465	466	467	468	469	470
471	472	473	474	475	476	477	478	479	480
481	482	483	484	485	486	487	488	489	490
491	492	493	494	495	496	497	498	499	500

図 2.6-1　500 までの双子素数

501	502	503	504	505	506	507	508	509	510
511	512	513	514	515	516	517	518	519	520
521	522	**523**	524	525	526	527	528	529	530
531	532	533	534	535	536	537	538	539	540
541	542	543	544	545	546	547	548	549	550
551	552	553	554	555	556	557	558	559	560
561	562	563	564	565	566	567	568	**569**	570
571	572	573	574	575	576	577	578	579	580
581	582	583	584	585	586	587	588	589	590
591	592	593	594	595	596	597	598	**599**	600
601	602	603	604	605	606	607	608	609	610
611	612	613	614	615	616	**617**	618	**619**	620
621	622	623	624	625	626	627	628	629	630
631	632	633	634	635	636	637	638	639	640
641	642	**643**	644	645	646	647	648	649	650
651	652	653	654	655	656	657	658	**659**	660
661	662	663	664	665	666	667	668	669	670
671	672	673	674	675	676	677	678	679	680
681	682	683	684	685	686	687	688	689	690
691	692	693	694	695	696	697	698	699	700
701	702	703	704	705	706	707	708	709	710
711	712	713	714	715	716	717	718	719	720
721	722	723	724	725	726	727	728	729	730
731	732	733	734	735	736	737	738	739	740
741	742	743	744	745	746	747	748	749	750
751	752	753	754	755	756	757	758	759	760
761	762	763	764	765	766	767	768	769	770
771	772	773	774	775	776	777	778	779	780
781	782	783	784	785	786	787	788	789	790
791	792	793	794	795	796	797	798	799	800
801	802	803	804	805	806	807	808	**809**	810
811	812	813	814	815	816	817	818	819	820
821	822	**823**	824	825	826	**827**	828	**829**	830
831	832	833	834	835	836	837	838	839	840
841	842	843	844	845	846	847	848	849	850
851	852	853	854	855	856	**857**	858	**859**	860
861	862	863	864	865	866	867	868	869	870
871	872	873	874	875	876	877	878	879	880
881	882	**883**	884	885	886	887	888	889	890
891	892	893	894	895	896	897	898	899	900
901	902	903	904	905	906	907	908	909	910
911	912	913	914	915	916	917	918	919	920
921	922	923	924	925	926	927	928	929	930
931	932	933	934	935	936	937	938	939	940
941	942	943	944	945	946	947	948	949	950
951	952	953	954	955	956	957	958	959	960
961	962	963	964	965	966	967	968	969	970
971	972	973	974	975	976	977	978	979	980
981	982	983	984	985	986	987	988	989	990
991	992	993	994	995	996	997	998	999	

図 2.6-2　501 から 999 までの双子素数

3
2013年5月
ゲーム開始

　差が2の素数の組は無数に存在するのか？　私にはわからない。いや，誰にもわからない。実のところ，これは未解決問題なのだ。誰かがこの問題を解いた時点で，今すぐにでも先ほどの命題が否定される可能性だってある。私はそれを十分に承知したうえでこの文章を書いている。それが最先端の数学研究の宿命なのである。

　しかし2013年5月，世界じゅうの大学の数学科の談話室が，あるニュースに沸いた。ひとりの無名数学者が，この問題に関して大躍進を遂げたのだ。2013年5月13日，彼がハーバード大学のセミナーで自身の研究について講演すると，数学者たちは興奮気味のメールやブログ記事を通じてこのニュースをいっせいに広めはじめた。その人物，ニューハンプシャー大学講師のチャン・イータン（張益唐）は，差が70,000,000以下の素数の組は無数に存在することを証明した。

　チャンの研究は，かの有名な**双子素数予想**の証明に向けた大きな一歩となった。双子素数予想とは，前章の最後で考えた3と5，17と19，101と103のように，差が2の素数の組が無数に存在するという主張のことだ。この予想については，次章でもう少し詳しく説明する。

　差が2の素数の組が無数に存在することを証明しようとしている数学者たちが，チャンの結果に色めき立ったのはなぜなのか？　差が2の場合を証明しようとしているのに，70,000,000という数値は

あまりにも巨大すぎる。

　実は，チャンの証明は，このような形式の結果を証明した史上初のケースだったのだ。7,000万というのは巨大な数だが，有限の値なので，双子素数予想の解決に向けた大きな前進になったことはまちがいない。

　2013年4月，チャンは双子素数の問題に関するもっとも権威ある学術誌の1つ『数学年報（Annals of Mathematics）』誌に，論文「Bounded gaps between primes（素数間の有界な間隔）」を投稿。同誌の編集者たちは，無名数学者たちから大胆な主張を繰り広げる論文を受けとることにはすっかり慣れっこになっている。数学の学術誌や学部，個人の数学者のもとには，有名な未解決問題を解いたと主張する人々からのメッセージがしょっちゅう届く。残念ながら，そういう人々の議論にはたいてい欠陥がある。特に，すでに不可能だとわかりきっていることを成し遂げたと主張しているときにはかなり怪しいのだが，そういうケースはあとを絶たない。だが，チャンの論文はちがった。論文は明快に書かれており，この分野の数々の専門家が過去数十年間で行ってきた研究を深く理解している痕跡が認められた。それどころか，過去の研究結果を土台にさえしていた。もしチャンの議論が正しければ，画期的な偉業だ。そこで，編集者たちは通常なら数カ月かかる査読プロセスを大急ぎで進めた。そして2013年5月21日，査読者（彼の論文を入念にチェックしたこの分野の専門家）たちの熱狂的な報告とチャン自身による小さな修正を経て，とうとうチャンの論文は同誌への発表を認められた（そして2014年5月1日にオンラインで発表された）。

　世界じゅうの数学科の談話室が興奮の渦に包まれた1つの理由は，チャンがこの分野の権威ではなかったからだ。むしろ，彼は1991年にパデュー大学で博士号を取得したあと，学界で職を見つけるの

に苦労していた。彼は純粋数学の分野で博士号を取得したが，それは素数の間隔に関するものではなかった。彼は一時的にレストラン・チェーン「サブウェイ」で働くなど，学界の外で数年間にわたり職を転々としたあと，授業負担の重いニューハンプシャー大学の講師の職にありついた。そのあいだも，彼は数学界の進展を見守りつづけ，自分でも必死に研究を行い，のちに彼自身の発見の土台となる研究に目を通した。2013年時点ですでに50代後半を迎えていたチャンは，駆け出しの若い数学者が見事な定理を証明するという数学界の典型的なイメージをくつがえしている。

よくよく注意しなければならないが，チャンが主張しているのは，差が7,000万以下の素数の組は無数に存在するという内容だ。このことから，「$p+k$ もまた素数となるような素数 p が無数に存在する」という性質を満たすなんらかの数 $k(\leq 70{,}000{,}000)$ が存在すると推論できる。私たちは2という数がこの性質を満たすことを期待しているし，それどころか7,000万以下の多くの数がこの性質を満たすだろうと内心では思っている。チャンの論文は，この性質を満たす7,000万以下の数が少なくとも1つは存在することを示している。

このたった1つの論文で，チャンは無名の講師から数学界の有名人へと変身した。彼はニューハンプシャー大学の教授へと昇進し，その後，カリフォルニア大学サンタバーバラ校の教授職を引き受けた。加えて，彼は数々の賞も受賞した。たとえば2013年には，「純粋数学の分野や数値解析の基礎の分野で最高の成果をあげた個人の数学者または科学者グループ」に隔年で与えられるオストロフスキー賞を受賞。また，2014年にはマッカーサー・フェローシップも受賞した。この5年間の無制約の奨学金は，「創造活動における並外れた独創性と追求心，著しい自立の能力をもつ有能な人材」に贈られる。数学界では4年に1回，毎回ちがう国で国際数学者会議が

開かれるが，ソウルで開催された2014年の会議では，チャンが招待講演者のひとりに名を連ねた。そう聞いてもあまりピンと来ないかもしれないが，国際数学者会議に講演者として招かれることは，数学者にとって大きな名誉だ。チャンが自身の画期的な研究を通じて得たメディアの注目を喜んでいるかどうかはわからない。ただ，長年黙々と研究を続けてきた50代後半の彼にとって，人生の大きな転機になったことはまちがいない。

　チャンはほかの数々の数学者たちの研究を土台にし，そこに独自のアイデアをつけ加え，不屈の精神で，差が70,000,000以下の素数の組は無数に存在することを証明した。かくして，ゲームは始まった。果たして数学者たちは，70,000,000という数字をさらに縮めることができるのか？

4
どんな難問も，問うだけなら簡単だ

　双子素数予想は，数学界でもっとも有名な未解決問題の1つだ。双子素数予想とは，3と5，17と19，101と103などのような差が2の素数の組，つまり双子素数が無数に存在するという予想のことをいう。別の言い方をすると，双子素数予想は，$p+2$が素数となるような素数pが無数に存在するという主張だ。数学者にとって厄介なのは，この予想を証明（または反証）することだ。この予想の提唱者は定かではない。ユークリッドや古代ギリシアの時代までさかのぼる可能性もあるし，もっと最近かもしれない。真相は闇のなかだ。1849年に，アルフォンス・ド・ポリニャック（1826～1863）が，双子素数予想を特殊なケースとする一般的な予想を行っているので，それ以前までさかのぼることはまちがいないのだが，それよりもかなり昔に提唱されたと考えてよさそうだ。

　双子素数予想がどうやら正しそうだと考える有力な根拠がいくつかある。1つに，コンピューターのおかげで数多くの双子素数が発見されている。なかには，20万桁を超える超巨大な双子素数も知られている。しかし，素数そのものの場合と同様，巨大な双子素数の例を次々と見つけていくことで，双子素数が無数に存在することを証明できる見込みはない。したがって，コンピューターを使った双子素数探しは，双子素数予想の証明という数学的探求に対する重大な貢献というよりは，ちょっとした余興に近い。

　双子素数予想には，第2章で紹介した「素数は無数に存在する」

という定理と同じ趣がある。両者の最大のちがいは，素数が無数に存在することの証明方法は，ユークリッドのおかげですでに判明しているという点だ。そこで，彼の議論の根底にあるアイデアを使い回せないだろうか？

1つの例を使って確かめてみよう。

2, 3, 5 という素数を例にとると，ユークリッドの証明にある戦略を使って，2 でも 3 でも 5 でも割り切れない数をつくることができる。そのためには，すべての数を掛けあわせて 1 を足せばいい。すると，$(2 \times 3 \times 5) + 1 = 31$ となる。ちょっと確かめれば（前掲の素数表をチェックしてもいい），31 が素数だとわかる。

1 を足す代わりに 1 を引くと，$(2 \times 3 \times 5) - 1 = 29$ となってこれもやはり素数だ。（ちなみに，素数が無数に存在するというユークリッドの証明のなかで，1 を足す代わりに 1 を引いたとしても問題ない。）こうして，差が 2 の素数の組 29 と 31 が得られた。

同じことをより一般的に試したらどうなるだろう？

素数 $2, 3, 5, \ldots, p$ をすべて掛けあわせて 1 を足すと，$(2 \times 3 \times 5 \times 7 \times \ldots \times p) + 1$ となる。この新しい数の特徴は，$2, 3, 5, \ldots, p$ のいずれでも割り切れないという点だ。一方，同じ素数をすべて掛けあわせて 1 を引くと，$(2 \times 3 \times 5 \times 7 \times \ldots \times p) - 1$ となる。この数も同じ理由で $2, 3, 5, \ldots, p$ のいずれでも割り切れない。これで，p 以下のいずれの素数でも割り切れない差が 2 の 2 つの数ができあがった。

これが，双子素数が無数に存在することの証明にならないのはなぜだろうか？

問題は，こうしてつくった新しい数が素数であるという保証がない点だ。わかっているのは，どちらの数も $2, 3, 5, \ldots, p$ で割り切れないということだけなのだ。この点は，素数が無数に存在すると

いうユークリッドの証明の最後でも述べた。例を使ってその意味を説明しよう。

素数 2, 3, 5, 7 をもとにして、先ほどと同じような 2 つの数をつくると、$(2\times3\times5\times7)+1=211$ および $(2\times3\times5\times7)-1=209$ となる。ここで、211 は素数だが、209 は素数ではない。$209=11\times19$ と因数分解できるからだ。

問題は、素数 $2, 3, 5, \ldots, p$ からつくった数が必ずしも素数にはならないという点だ。素数 $2, 3, 5, \ldots, p$ のいずれでも割り切れないだけの話で、p よりも大きな素数で割り切れる場合があるのだ。つい先ほどの例はまさしくそのケースだ。素数 2, 3, 5, 7 から 209 という数をつくったが、209 は素数 11 と 19 で割り切れる。

ほんの少し前までは、差が 2 の素数の組を無数につくる方法が見つかったように思えたのに、残念ながらこのアイデアはうまくいかなかった。こういうことは数学ではしょっちゅう起こる。あるとき、私の尊敬するアメリカの数学者のひとり、ジュリア・ロビンソン (1919〜1985) は、毎日いったい何をしているのかと訊ねられると、こう答えた。

「月曜、定理の証明を試みた。火曜、定理の証明を試みた。水曜、定理の証明を試みた。木曜、定理の証明を試みた。金曜、定理は正しくないとわかった」

たとえ定理が正しくても、数学者はその定理を証明するために見当ちがいの戦略をいくつも試すはめになる。ある手法が通用しない理由をひもとくことで大きな教訓が得られる場合もあるし、失敗を素直に認めて別の方法を試すほかない場合もある。数学者は打たれ強くなければならない。数学者にとっては、ある問題（またはいくつ

かの問題)で行き詰まっているほうがむしろふつうの状態なのだ。よ
うやく1つの問題を解いても,次の問題に移ればまた行き詰まるの
だから。

ゴールドバッハ予想

問うのは簡単でも答えるのは非常に難しい疑問は,双子素数予想
だけではない。

素数の間隔に目を向ける代わりに,少しだけ視点を変えてみよう。
素数の足し算だ。2つの素数の和として表せる数はどれだろう?
たとえば,10=3+7で,3と7はともに素数なので,10は2つの
素数の和として表せる。8=3+5,14=3+11なども同様だ。

2つの素数の和として表せる数を表にまとめてみた。実際には,
ここでは**奇素数**(奇数の素数)だけに着目したいと思う。つまり,唯
一の偶数の素数である2は特殊なケースとして無視する。というの
も,奇素数だけに限定したほうが面白いことがわかるからだ。とい
うわけで,私の作業の最初のステップはこうだ。まず素数を列挙し,
それぞれに3(最初の奇素数)を足し,その数を灰色に塗った(図4.1)。

次に,各素数に5(3の次の奇素数)を足し,その数を灰色に塗った。

1	2	3	4	5	6	7	8	9	10
11	12	13	14	15	16	17	18	19	20
21	22	23	24	25	26	27	28	29	30
31	32	33	34	35	36	37	38	39	40
41	42	43	44	45	46	47	48	49	50
51	52	53	54	55	56	57	58	59	60
61	62	63	64	65	66	67	68	69	70
71	72	73	74	75	76	77	78	79	80
81	82	83	84	85	86	87	88	89	90
91	92	93	94	95	96	97	98	99	100

図4.1 奇数の素数+3

すでに灰色に塗られているものもあったが、それは問題ない。塗り直しはしなかった。たとえば、16 = 3 + 13 なので、16 はすでに灰色に塗られていたが、16 = 5 + 11 だからといって別の色で塗ったりはしなかった。次に 7、その次に 11 という具合に、答えが表内に収まりきらなくなるまで奇素数を加えていった。興味があるなら、あなた自身でやって確かめてみてほしい。図 4.2 が私の結果だ。

1	2	3	4	5	6	7	8	9	10
11	12	13	14	15	16	17	18	19	20
21	22	23	24	25	26	27	28	29	30
31	32	33	34	35	36	37	38	39	40
41	42	43	44	45	46	47	48	49	50
51	52	53	54	55	56	57	58	59	60
61	62	63	64	65	66	67	68	69	70
71	72	73	74	75	76	77	78	79	80
81	82	83	84	85	86	87	88	89	90
91	92	93	94	95	96	97	98	99	100

図 4.2　2 つの奇数の素数の和

かなり目を惹くパターンではないだろうか？

目を惹く点は 2 つある。1 つ目に、1, 3, 5, 7, 9 の列が真っ白だ。これらの列には 2 つの奇素数の和になるものはないらしい。2 つ目に、2 と 4 自身を除けば、2, 4, 6, 8, 10 の列にべったりと色が塗られている。すべての数が 2 つの奇素数の和になっているようだ。

少し考えてみよう。2 つの奇素数を足しあわせるとどうなるのか？ いやむしろ、素数かどうかを問わず、2 つの奇数を足しあわせるとどうなるか？ 何個か具体的に試し、少し考えれば、和は必ず偶数になると気づく。今まで考えたことがないなら、ここで少し時間をとって、本当にそうなるかどうかを確かめてみるといいだろう。数式を使ってもいいし、チョコレートバーの絵を描いてもいい

（図 4.3）。

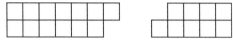

図 4.3　2 つの奇数の和は偶数

　特に，奇数は絶対に 2 つの奇素数の和ではありえない。なので，わかってみれば 1, 3, 5, 7, 9 の列が真っ白なのはまったく当たり前のことだ。さらに，この表からは最初の数行が真っ白なことしかわからなかったが，どれだけ行をつけ加えてもずっと真っ白であることが確実にいえる。

　偶数の列についてはどうだろう？　偶数が 2 つの奇素数の和になることはもちろんありうるが，だからといってすべての偶数がそうだとは言い切れない。先ほどの表は，6 から 100 までの偶数が 2 つの奇素数の和であることを計算で確かめ，その結果を記録したものだ。表にもっと行を追加していっても，同じパターンが続くだろうか？

　勘のいい方なら，もう話の続きが読めたかもしれない。まず，私がおかしなくらい単純な疑問を掲げる。次に，その疑問の答えは私だけでなく誰にもわからないと言う。この問題もまさしくそのケースだ。この疑問は**ゴールドバッハ予想**と呼ばれている。クリスティアン・ゴールドバッハ（1690〜1764）はこの予想で有名な数学者だった。この予想は，彼が 1742 年にずっと有名な数学者レオンハルト・オイラー（1707〜1783）に宛てた手紙のなかで提唱したものだ。オイラーとゴールドバッハは，いずれもロシアのサンクトペテルブルクやモスクワの各地で数学者として働き，1729 年から長年にわたる文通を開始した。その内容の大半は数論だった。面白いことに，ふたりの手紙はドイツ語とラテン語が入り交じっていて，数学に関

する言い回し(用語)が現在とは微妙に異なる。そのため，ゴールドバッハの言葉をそのまま引用するのは控えることにする。現在「ゴールドバッハ予想」といえば，「4より大きいすべての偶数は2つの奇素数の和で表せる」という主張を指す。この問題はゴールドバッハ予想と呼ばれているが，ゴールドバッハが初の提唱者とはかぎらない。数学の歴史には，まちがった人物にちなんで名づけられた定理や予想がごまんとある。しかし，少なくともゴールドバッハ予想の場合は，彼が実際に予想を打ち立てたという証拠がある。

　双子素数予想と同じく，コンピューターを使えば，膨大な数についてゴールドバッハ予想の真偽を確かめられる。現時点では，まだ反例(2つの素数の和で表せない偶数)は見つかっておらず，ゴールドバッハ予想が正しい可能性はかなり濃厚といえる。しかし，これまた双子素数予想と同様，それだけでは問題の解決にはならない。コンピューターで確かめられるのは有限個の例だけであり，どれだけ調べても常に未確認の例が無数に残ってしまう。数学者が証明を発見しないかぎり，ゴールドバッハ予想の真偽は不明のままなのだ。

ジェルマン素数

　先に進む前に，もう1つだけ面白い未解決問題を紹介しよう。

　私の尊敬するもうひとりの数学者が，18世紀末から19世紀初頭にかけてフランスで活躍した数学者のルブラン氏だ。ルブランは弾性の数学的理論の確立に励むなど，さまざまな分野に貢献したが，私が思うに，そのなかでももっとも突出しているのは数論に対する貢献だろう。ルブランという名前は，女性が数学を学ぶことが社会的によく思われなかった時代に，フランスの女性数学者ソフィ・ジェルマン(1776〜1831)が使っていた偽名だった。

　ジェルマンが10代のころ，両親は彼女が数学を学ぶことをあま

りよく思っていなかったが，彼女は数学者になることを決意し，夜な夜な毛布にくるまって勉強を続けた。パリに理工系のエリート学校「エコール・ポリテクニーク」が設立されたのは，ジェルマンにとって願ってもないタイミングだったが，彼女は性別を理由に入学を断られた。それでも，彼女は講義ノートの多くをなんとかして入手した。名数学者ジョゼフ゠ルイ・ラグランジュに素性がばれないよう，初めはルブランという偽名を使い，彼の講座を修了するなり自身の研究を彼に送りはじめた。

　その後，ジェルマンはほかの有名数学者とも文通を続けた。そのなかでもとりわけ著名な人物といえば，カール・フリードリヒ・ガウスだろう。素性がばれたら真剣に取りあってもらえないのではないかと思った彼女は，またもやルブラン氏という偽名を使用した。ルブラン氏の正体が実はソフィ・ジェルマンなる女性であるということをガウスが知ったのは，一連の意外な出来事がきっかけだった。若きジェルマンが数学者になろうと思った1つの理由は，アルキメデスの死に関する物語を読んだからだった。彼は数学の研究をしている最中，ローマ兵に殺害されたといわれている。1806年，フランス軍がガウスの故郷を占領したとき，ジェルマンはそのアルキメデスの物語を思い出した。ガウスの身を案じた彼女は，フランス軍の幹部であった家族の友人に手紙を書き，なんとかしてほしいと頼んだ。こうして，ガウスはルブラン氏とソフィ・ジェルマンが同一人物であることを知ったのだった。立派なことに，彼は女性と数学について議論するのを拒むどころか，彼女の研究をいっそう称賛した。

　今日では，ジェルマンは主にフェルマーの最終定理に関する研究で知られている。それはまた別の話なので，第12章でもう少し詳しく説明したいと思うが，ジェルマンはフェルマーの問題に関する

研究のなかで，$2p+1$ もまた素数であるような素数 p について研究することになった。現在，この性質をもつ素数は**ジェルマン素数**と呼ばれている。ジェルマン素数を小さい順にいくつか紹介すると $2, 3, 5, 11, 23, 29$ となる。たとえば，29 は素数であり，かつ $(2×29)+1=59$ も素数だ。となると，「ジェルマン素数は無数に存在するのか？」という疑問が自然と浮かんでくる。だが，その答えは（今のところ）不明だ！ 無数に存在すると予想するだけの有力な根拠はあるのだが，この疑問は未解決のまま残っている。

では，素数の理解はとてつもなく難しいのか？

素数の未解決問題を挙げていけばキリがない。これまでに挙げたのは「1 次式」的なパターンに関する問題ばかりだが，「多項式」的なパターンについても，同じような疑問を掲げることはできる。たとえば，「平方数 + 1」という形の素数は無数に存在するのか？ $2, 5, 17, 37$ はそうだが，答えはいまだ謎に包まれている。一方，「平方数 − 1」という形の素数が無数に存在するかどうかという問題は，中学レベルの代数の知識があればわかる。たった 1 つ「−」が「+」に変わるだけで，中学生向けの問題が全人類向けの問題へと早変わりするのだ！ 「平方数 − 1」という形の素数が無数に存在するかどうかという疑問については，答えは伏せておく。もし興味がおありなら，ぜひあなた自身で考えてみてほしい。

数学が誰も解けない単純な問題ばかりで占められているという印象を与えたくはない。これまで，3 つの未解決問題（双子素数予想，ゴールドバッハ予想，ジェルマン素数が無数に存在するという予想）について説明してきたが，その一方で解決ずみの問題もたくさんある。現代の数学者たちは，そうした問題から生まれた新たな難問を解こうと切磋琢磨しているのだ。

5
2013年5月
おかしなくらいの中毒性

　差が70,000,000以下の素数の組が無数に存在するという証明をチャン・イータンが発表すると，次なる注目は，この70,000,000という数値をもっと下げられないかという疑問へと移った。果たして，チャンの新しいアイデアは，難解な双子素数予想の証明につながるのか？ そして，差が2の素数の組が無数に存在することを証明できる日がついにやってくるのだろうか？

　かつての数学者は，ひとりきりか，せいぜい少人数でこうした問題に挑んでいた。もしかつての慣習に従うなら，同じ大学や街の数人の数学者が集まって勉強会を開き，チャンの論文をじっくりと読み，彼の議論を理解し，証明の細部を厳密化して70,000,000という上限値を改善できそうな部分を探そうとするかもしれない。あるいは，ひとりきりで黙々と研究を進め，チャンの議論の一部の側面を掘り下げ，上限値を改善する方法を探すかもしれない。すると，その後の数カ月や数年で次々と論文が発表され，上限値が少しずつ改善されていく。せっかく小さな改善を見つけたのに，別の人が先にそれよりも大きな改善を見つけていたことがわかり，がっかりする人も現れるだろう。論文の著者たちの斬新な発想が見てとれるような劇的な改善もあれば，前進することの難しさを浮き彫りにするような微々たる改善もあるだろう。

　しかし，今回はそうはならなかった。インターネットが，いまだかつてない研究スタイルを実現したのだ。もちろん，インターネッ

トはすでに数学者の研究方法を一変させていた。海外の共同研究者との文通は時代遅れになり，メールやスカイプ通話が主流になった。ところが，近年になってより劇的な革命が起こった。数学のオープンな共同研究だ。

この問題に関する共同研究は，*Secret Blogging Seminar* というブログ上での慌ただしい会話のやり取りから始まった。きっかけは2013年5月30日，スコット・モリソンが「もう我慢できない：差が59,470,640以下の素数の組は無数に存在する」と投稿したことだった。モリソンはオーストラリア国立大学の数学者で，ウェブサイト MathOverflow の共同設立を通じて，すでに数学の公的な共同研究の分野を開拓していた。事実，MathOverflow はチャンの研究に関する議論が行われていたもう1つの場所だった。このウェブサイトでは，利用者が数学に関する質問をしたり，質問に回答したりできる。その主な目的は数学研究であり（学生が宿題の助けを求めたりするサイトではない），ユーザーの投票によってもっとも面白いスレッドや有益なスレッドが最上位に表示されるようになっている。MathOverflow はたちまち，多くの数学研究者たちにとって便利な道具となった。すでに解決ずみだと思う疑問があるなら，このサイトでその答えを非常に効率的に知ることができる。チャンの研究の場合，あるユーザーが2013年5月20日にチャンの研究に関する質問を投稿すると，その後の2, 3週間で，彼の研究の背後にある"考え方"を説明しようとする回答がいくつも投稿された。とりわけ，幾多の数学者が行き詰まった部分を彼がいかにして乗り越えたのかを説明するものが多かった。

チャンの「上限値を減少させる」という目標は，なぜこうも人々を惹きつけるのか？ まず，進歩が数値という形ではっきりと目に見えるからだ。そして，少なくとも初期の段階では，その分野の世

界的な権威でなくとも,一時的な世界記録保持者にはなれるからだ。案の定,チャンの議論には厳密化できる点がいくつもあることがすぐにわかった。彼はすべてのステップで最適化を試みたわけではなかったのだ。それは理解できる。チャンにとっては,自身の議論から最後の一滴まで成果を搾り出すことよりも,もっともわかりやすい形で一刻も早く研究成果を発表することのほうが重要だったからだ。彼にしてみれば,上限の具体的な値はそれほど重要ではなかった。すべてではないにせよ,改善の余地がおおいに残っている部分はコンピューター計算に適しており,多くの人々が気軽に参加できた。

モリソンは,ほかにも数人がすでにチャンの主張する70,000,000という値の改善を提案している,と指摘したうえで,自分自身でもさらによい値を提案した。彼の投稿したブログ記事には数々のコメントが寄せられ,彼の記事に対する建設的な意見や新しい改善方法の提案が集まった。

早々にコメントを寄せたひとりが,カリフォルニア大学ロサンゼルス校のオーストラリア人数学者で数学ブログ界の第一人者でもあるテレンス・タオだった。タオはたぐいまれなる数学者だ。2006年にフィールズ賞(数学界でもっとも名誉ある賞の1つで,数学界のノーベル賞ともいわれる)を受賞した彼は,驚くほど幅広い数学分野で最高峰の研究を行っている。タオはすぐさまチャンの議論の詳しい中味を理解し,もっとも改善の余地がありそうな場所を見つけ,モリソンのブログで自分の気づいたことを惜しみなく共有した。彼はモリソンのブログ記事を「上限値の改善を"競いあう"ための情報窓口」として使うことを提案した。たとえ小さな改善でも,チャンの論文を理解する有力な手段になるからだ。この例は,数学者たちが互いの研究を理解しようとするときに用いる常套手段をよく物語っ

ている。相手の議論を構成する要素を積極的に検証し，それぞれの部分がなぜそうなっているのかを理解するのだ。

2013年5月31日になると，モリソン，彼のコンピューター，タオは，再びチャンの議論の細部を厳密化することで，42,342,946という上限値が達成可能であることを証明した。この件については次章以降で詳しくお話ししていきたいと思う（先に重要な概念をいくつか紹介しておく必要があるので）。

こうした一歩ずつの段階的な改良にどれだけの価値があるのだろう？ それははっきりとしなかった。ただ，5月31日にテレンス・タオはこう記している。

> このプロジェクトはおかしなくらい中毒性がある。たぶん，通常の研究プロジェクトよりもずっと手軽に前進できるからだろう。^_^

この中毒性こそが，いまも続く共同研究の成功にとって重要な意味をもつことになる。

難しい問題を簡単に

　仮に，あなたがこれから研究する問題を選ぼうとしている数学研究者だとしよう。(本当にあなたが数学研究者だとしたら，次の研究課題の選び方についてはほかの文献を当たったほうがいいかもしれない。)さて，あなたはどうするだろう？　前回の研究から派生した問題があるかもしれない。1つの問題で前進するたび，新しい疑問がいくつかおまけでくっついてくることはよくあるからだ。しかし，別の何かを研究したい気分になることもあるだろう。そこであなたは，最近の研究論文で見かけた問題や，前回の学会でコーヒーを飲みながら耳にした問題，またはあなたの共同研究者が先日メールで興奮気味に語っていた問題を選ぶかもしれない。

　数時間，数日，数週間と論文を読み，考え，また読み，また考え，ノートや黒板に考えを書き留めるうち，あなたはその問題の虜になりはじめる。絶対に，何がなんでも成果をあげたい。そうすれば有名になれるからかもしれないし，ただ単に世界でたったふたりだけの共同研究者をあっと言わせたいからかもしれない。この段階まで来ると，誰かとつながっていられるから，どうしても答えを知りたいから，真実を理解したいから，というのが，その問題について考える最大の動機になっているだろう。

　数カ月がたつと，問題が理解できた気分になりはじめる。そう，問題を理解するだけでも，それだけの時間が必要なこともあるのだ。理解といっても表面的な理解ではなく，その問題の難しさがしみじ

みとわかってくるような，正真正銘の深い理解だ。正攻法をいくつか試してみたものの，うまくはいかなかった。その原因を探るうち，問題の難解さや複雑さがやっとわかりはじめる。しかし，あなたはあきらめるどころか，いっそうその問題にのめりこんでいく。

目の前の問題がかなりの難敵だとわかってきたとき，前進を遂げるにはどうすればいいのか？　もう少し専門的な知識が必要かもしれないし，あなたの同僚が数カ月前に発表した論文が参考になるかもしれない。または，大学の図書館で埃をかぶっていた学術誌のなかにある1920年代の論文にじっくりと目を通すうちに，その手法を目の前の問題に応用する方法が見えてくるかもしれない。逆に，目の前の問題に応用できる数学的構造は見つからないかもしれない。いや，そういう構造自体，まだ発見されていないのかもしれない。

こういうときの常套手段がある。もう少し簡単だが，関連のある問題に挑むのだ。これこそ，数学者たちが前進を遂げる方法の１つだ。もちろん，飛躍的な前進を遂げることもなくはないが，過去の結果を土台にして，一歩ずつ小さな階段をのぼっていくケースも多い。双子素数予想やゴールドバッハ予想のような問題の場合，問題を変形して易しめにする方法はいろいろとある（といっても，易しくなるわけではなく，易しめになるだけだ）。一見すると，易しめの問題を解くのは無意味にも思えるが，少しちがう形の問題を解いて得られた理解のおかげで，肝心の問題そのものでも前進を遂げられる場合がある。数学者は常に目の前の問題を変形させ，どういう結果が得られるかを理解しながら，目標を修正していくものなのだ。

そこで，数学者が実際に解いた，双子素数予想やゴールドバッハ予想に関連する問題をいくつか紹介しよう。

概素数

双子素数予想やゴールドバッハ予想を変形させる1つの方法は，素数は難しすぎると見て，素数について問うのをやめることだ。この方法は非常に有効であることがわかっている。素数が特殊なのは因数が2つ(その数自身と1)しかないという点だ。代わりに，15(3×5)や209(11×19)のように，素因数を2つもつ数について考える手もある。

たとえば1966年，チェン・ジンルン(陳景潤，1933〜1996)は，$p + 2$が**概素数**(素数または2つの素数の積のいずれか)であるようなpは無数に存在することを証明した。これは衝撃的な結果だ！ これで，双子素数予想の少しだけ弱い形が証明されたことになる。彼はゴールドバッハ予想についても似たようなことを行い，ある数を超えるすべての偶数は素数と概素数の和で表せることを証明した。彼の研究は**篩法**の手法を見事に応用したものであり，今やこれらの問題や関連問題の研究において欠かせない道具となった篩法の威力を物語っている(篩法について詳しくは第9章で)。

弱いゴールドバッハ予想

なんらかの問題に取り組んでいるとき，ついに有望な戦略が見つかったと確信したのに，蓋を開けてみれば目標とする結果を証明できるほど強力な戦略ではないと気づくことも珍しくない。こういうときは，その戦略を使ってどれだけの内容を証明できるかを探り，それ以上の前進を妨げている制約について調べるチャンスかもしれない。

たとえば，加法的整数論の分野では，**ハーディ＝リトルウッドの円周法**と呼ばれるたいへん強力な手法がある。(加法的整数論は整数

の和に関する問題を扱う分野で,「いくつかの数の和として表せる数は？」と問うものが多い。）G. H. ハーディと J. E. リトルウッドというイニシャルで呼ばれるゴッドフレイ・ハロルド・ハーディ（1877〜1947）とジョン・エデンサー・リトルウッド（1885〜1977）は，20世紀前半の特に著名なイギリス人数学者だ。ふたりはケンブリッジ大学トリニティ・カレッジでキャリアの大半を過ごしたが，ハーディはオックスフォード大学でもかなりの時期を過ごした。彼らの共同研究は数学界ではよく知られている。1947年，デンマークの数学者ハラルト・ボーアはこう言ったとされる。

> 近年，ハーディとリトルウッドがどれだけイングランドの数学研究を牽引する存在として知られるようになったかを如実に示す言葉がある。ある優秀な同僚がかつてこんな冗談を言った。「現在，一流のイングランド人数学者は3人しかいない。ハーディ，リトルウッド，そしてハーディ＝リトルウッドだ」。

　ハーディとリトルウッドの数ある功績の1つが，ふたりが加法的整数論の問題に取り組んでいた1920年代に確立した「円周法」だ。（円周法について詳しくは第14章で。）円周法は，同様の幅広い問題に対してとてつもなく有効であると判明した。当然ながら，ふたりやほかの数学者たちは，円周法の戦略をゴールドバッハ予想に応用しようとした。

　ハーディとリトルウッドは大きな前進を遂げたが，その前進もあるところでぷっつりと途絶えた。ふたりの手法を適用するためには素数の挙動に関する詳しい情報が欠かせなかったので，ふたりは**リーマン予想**と密接に関連する未証明の予想（現在でもまだ証明されていない）を仮定することによって，この問題に対処した。リーマン

予想とは，難解なことで悪名高い数学の未解決問題であり，リーマン予想を証明できれば素数の分布に関していろいろなことがわかると考えられている。このハーディとリトルウッドによる"条件つき"の結果は，未証明の予想に基づくので明らかに最善ではなかったものの，円周法にとっては大きな勝利だった。ふたりの得た結果は，ゴールドバッハ予想の 2 つの弱いバージョンだった。1 つは「4 より大きいほとんどの偶数は 2 つの奇素数の和で表せる」というもの（その意味は厳密に述べられている）。例外はあるとしても非常に少ない。そしてもう 1 つは「十分に大きな奇数は 3 つの素数の和で表せる」というものだ。

ハーディとリトルウッドの研究が発表されてからほんの数年後，ロシアの数学者イヴァン・ヴィノグラードフ（1891〜1983）はふたりの手法を改良し，発展させ，簡素化し，未証明の予想の仮定を取り去ることに成功した。1937 年，彼は十分に大きな奇数が 3 つの素数の和で表せることを無条件で（つまり何も仮定することなく）証明した。

ここで，2 つの点について説明しておかなければならないだろう。1 つは「十分に大きな」という言葉の意味。もう 1 つはゴールドバッハ予想との関係だ。

まず，「十分に大きな」というのは，単にある数より先でその結果が成り立つことを意味する（たとえば，100 万以降，10 億×10 億以降というように）。これにより，最大の難所を乗り越えたことになる。原理的には，あとは有限個の確認ですむからだ。理論上は，ヴィノグラードフが示している数まで，手作業でしらみつぶしに確認していくこともできる。しかし現実的には，現代のコンピューターを使ってもそれは不可能だっただろう。ヴィノグラードフの結果が示している「十分に大きな数」というのはあまりにも巨大すぎて，コン

ピューターでさえ確認に時間がかかりすぎるからだ。しかし，数学者たちのあいだでは，ヴィノグラードフの定理がこの問題のもっとも面白い部分だという，強い共通認識がある。残るは有限の問題になったからだ。

では，ゴールドバッハ予想との関係は？ ゴールドバッハ予想が正しければ，つまり4より大きいすべての偶数が2つの奇素数の和として表せるとしたら，ただちに7より大きいすべての奇数は3つの素数の和で表せるという結論が成り立つ。(その理由はみなさん自身で考えてみてほしい！)しかし，その逆は成り立たない。7より大きいすべての奇数が3つの素数の和で表せるとわかっていたとしても，ゴールドバッハ予想がただちに成り立つわけではない。(やはりみなさん自身でその理由を考えてみてほしい。2つの命題のちがいをつかむ絶好の練習になる。)したがって，「7より大きいすべての奇数は3つの素数の和で表せる」という命題が**弱いゴールドバッハ予想**と呼ばれているのはごく自然だ。関連してはいるが，ゴールドバッハ予想よりはまちがいなく弱いのだ。ヴィノグラードフは，弱いゴールドバッハ予想を完全に証明したわけではないが(「十分に大きな」という条件つきなので)，あと一歩のところまで迫ったことはまちがいない。

ヴィノグラードフの1937年の論文以降，数々の数学者たちが弱いゴールドバッハ予想の成り立つ下限値を下げようと励んできた。しかし，そうして得られた下限値は，現代のもっとも強力なコンピューターでさえ手の届かない数値だった。ところが近年，数学者たちはギャップを埋め，弱いゴールドバッハ予想を完全に証明することに成功した。2013年末，チャン・イータンが素数の間隔について記念碑的な発表を行った数カ月後，ついに弱いゴールドバッハ予想が証明されたのだ。ペルーの数学者ハラルド・ヘルフゴット(当

時，パリの高等師範学校に所属)は，デイヴィッド・プラット(ブリストル大学ハイルブロン数学研究所に所属。40代になって数学の学士号と博士号を取得したというやや異色の経歴の持ち主)の助けを借りて定理を証明した。ここで問題となったのは，理論的な下限値(そこから先はすべての奇数が3つの素数の和で表せるとわかっている値)とコンピューターで確かめられる数値(それ以下のすべての奇数については定理が成り立つことを確認しましたよ，という値)とのあいだにあるギャップだった。ヘルフゴットはハーディ＝リトルウッドの円周法を駆使し，理論的な下限値を現実的な値まで押し下げた。さらに，ヘルフゴットとプラットは，その理論的な下限値まで到達できるよう，コンピューター計算の手法を改良した。現実的には，チャン・イータンの研究よりは少し面白味に欠けるものの(意外というよりも必然だという意味で)，非常に印象的な研究成果であることに変わりはない。何より，7より大きいすべての奇数が3つの素数の和で表せると保証されているのは安心でもある。

　面白いことに，このことから，2以上のすべての整数は，多くとも4つの素数の和として表せることがわかる。この事実は，弱いゴールドバッハ予想の結論から導き出せる。2以上の好きな整数を選んでほしい。それが奇数なら，それ自体が素数であるか，弱いゴールドバッハ予想から3つの素数の和として表せるので問題ない。それが偶数であり，2(すでに素数)でも4(やはり2つの素数の和)でもなければ，3を引けばいい。その答えは奇数となり，多くとも3つの素数の和で表せる。よって，元の数はその3つの素数の和＋3となる。この結果はゴールドバッハ予想ほど強力ではないが，それでも十分にすばらしい。

三つ子素数の問題

みなさんに1つ問題を出そう。三つ子素数の問題だ。

お気づきかもしれないが，3, 5, 7はいずれも素数だ。そして，3と5，5と7の間隔は，5を含む2つの双子素数と同じでどちらも2である。いわば，カエルが簡単に跳び移ることができる素数スイレンの3枚組だ。それでは，3, 5, 7のように，間隔が2ずつ離れた素数の3つ組，名づけて「三つ子素数」はほかにもあるだろうか？これが三つ子素数の問題だ。さあ，こんどはあなたが数学者の帽子をかぶる番だ。どう考える？

本書を読むのをいったん中断して，この問題についてしばらく考えてみてほしい。下の図は三つ子素数のあいだをジャンプするカエルを絵にしたものだ。

結論は出ただろうか？

三つ子素数の問題は双子素数予想と趣がよく似ている。だが，答えを出すのはずっと簡単だ。（あなたが答えを発見したとしてもたいしたことはないと言っているわけではないので誤解なく。単純に，双子素数予想が難しすぎるだけだ。）今すぐ答えあわせをするつもりはないが，もう少しあとで必ず答えを発表したいと思う。答えをわからないままにしておくのはなんとなく気持ち悪いと思うなら，すばらしい。ふだんの数学者の気分が味わえた証拠だ！　慌てて読み進まず，ぜひ考えつづけてほしい。数学者はよくするのだが，少し休憩をとっ

て無意識のなかで問題を反芻したあと，問題に戻るのもかなり有効だと思う。

　等間隔の3つの素数について，より一般的な疑問を掲げることもできる。3, 5, 7が等間隔の素数であることはすでに指摘したが，3, 7, 11や11, 17, 23や29, 59, 89もその仲間だ。この素数の3つ組は，等距離ずつジャンプするのが得意なカエルにとってぴったりだ。このカエルがそのまま跳びつづけたらどうなるだろう？　等間隔の4つの素数は存在するだろうか？

　存在する。たとえば，11, 17, 23の次は29と続く。しかし，そこで終了だ。次の35は素数ではないからだ。しかし，5から出発すれば，素数が等間隔に5つ並ぶことになる。3, 7, 11の3つ組は，15が素数ではないので4つ組にさえできないが，等間隔の5つの素数は少なくとも1つある (5, 11, 17, 23, 29)。もっと行けるだろうか？　等間隔の50個の素数は存在するか？　100個は？

　これは非常に面白い疑問であることがわかる。この疑問に関してはコンピューターの力を借りることができる。本書の執筆時点で，等間隔に並んだ素数の最大の集合として知られているものは，26個の数からなる (かなり巨大な数なので，書き記すのは控えるが)。これは先ほどの5つの素数の列と比べるとずっと大きいが，全体から見ればちっぽけな例だ (等間隔の500個の素数の列までは長い道のりだ！)。したがって，コンピューターでは私たちの疑問は解決できない。

　ここで制約が1つある。等間隔の数の集合が素数だけで構成されるためには，間隔が適切でなければならない。すべてが素数となるためには，間隔が一定の条件を満たす必要があるのだ。この点は数学用語を導入したほうが議論しやすい。数学者が専門用語を使うのは何も一部の人々を排除するためではなく，全員がまったく同じ厳密な用語を使っているほうが，数学的概念について議論するのがず

第6章　難しい問題を簡単に

っとラクになるからだ。数学者は厳密さを愛してやまないが、私たちが使う日常言語はあいまいさや不正確さであふれている。そこで、「等間隔の数の集合」という言葉の代わりに、**等差数列**という表現を使おう。等差数列は、ある数から始まり、同じ大きさずつ増えていく。これは一般的な用語であり、素数だけに限った話ではないので、カエルをバッタに置き換えたほうがわかりやすいかもしれない。バッタはある位置からスタートし、疲れて止まるまで毎回同じ量（これを**公差**という）ずつジャンプを繰り返す。また、等差数列が無限数列の場合には、永久にジャンプしつづける。

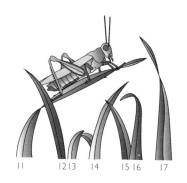

以下に等差数列の例をいくつか挙げてみよう。

- 1, 2, 3, 4, 5, 6, 7, 8, 9　（公差 1）
- 5, 7, 9, 11, 13　（公差 2）
- 11, 17, 23, 29　（公差 6）
- −2, 0, 2, 4, 6, 8　（公差 2）
- −17, −20, −23, −26, −29　（公差 −3）
- 22, 17, 12, 7, 2, −3　（公差 −5）

以下に挙げるのは等差数列で̇は̇な̇い̇数列の例。

- 1, 2, 4, 8, 16, 32
- 3, 5, 7, 11, 13
- 1, 1, 2, 3, 5, 8, 13, 21

ある数学的概念が表す範囲を理解するには，該当する例と該当しない例の両方を考えるととてもわかりやすい場合がある。

私は先ほど，「等間隔の数の集合が素数だけで構成されるためには，間隔が適切でなければならない」と述べた。これを先ほどの専門用語を使って言い直すなら，「ある等差数列のすべての項が素数であるためには，公差が適切でなければならない」となる。うまい公差を選べば等差数列のす̇べ̇て̇の̇項が素数になるというわけではな̇い̇が，すべての項が素数になるためには，せめて間隔が適切でなければならないのだ。

例を挙げよう。たとえば，3つの素数からなる等差数列(つまり等間隔の3つの素数)をつくりたいとする。すると，公差は絶対に3ではありえない。なぜか？　公差3，長さ3の等差数列では，3つのうちの少なくとも1つの項が偶数になる(図6.1を参照)。その数が素数になるのは2の場合だけだ。しかしそうなると，2はその等差数列の真ん中の項でなければならないので，第1項に対応する素数が見当たらない。

事実，もう少し一般的なことが成り立つ。長さ3以上の素数の等差数列をつくるには，公差が偶数でなければならない。このことは同じような議論を用いて証明できる。公差が奇数なら，少なくとも1つの項が偶数になってしまう。この事実は，第1項が偶数の場合，奇数の場合と2通りに分けて考えることで確かめられる。

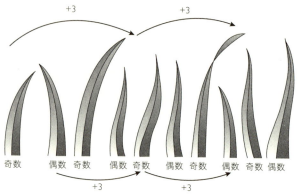

図 6.1 公差 3，長さ 3 の等差数列では，3 つの数のうちの少なくとも 1 つは偶数になる

まず，第 1 項が偶数なら，少なくとも 1 つの項は偶数だ。

次に，第 1 項が奇数なら，第 2 項は第 1 項に公差を足したものになるので，奇数＋奇数で偶数となる。

この考え方を広げると，素数の等差数列の間隔が満たすべき条件についてより詳しいことがいえる。間隔が偶数でなければならないことを示した先ほどの議論は，三つ子素数(公差 2，長さ 3 の素数の等差数列)がほとんど存在しない根本的な理由にもなっている。三つ子素数としてわかっているのは 3, 5, 7 だ。先ほど時間をとって考えてもらったとき，きっとこれが唯一の三つ子素数だという結論に至ったのではないかと思う。その根拠は？ 考え方はいくつかあるが，ここではそのうちの 1 つを紹介し，第 10 章でもう 1 つ紹介したいと思う。

公差 2，長さ 3 の等差数列では，どれか 1 つの項が必ず 3 の倍数になる。(実際には，ちょうど 1 つの項が 3 の倍数になるのだが，ここでは余計な情報だ。)なぜか？ 先ほどの奇数と偶数の議論によく似ている。

第1項の可能性は3通りある(図6.2を参照)。3の倍数，3の倍数＋1，3の倍数＋2のいずれかだ。

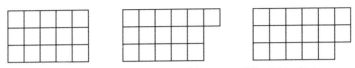

図6.2 すべての数は3の倍数，3の倍数＋1，3の倍数＋2のいずれか

それぞれのケースについて順番に調べてみよう(図6.3も参照。それぞれの草には3で割った場合の余りが書いてある。0は3の倍数，1は3の倍数＋1，2は3の倍数＋2を意味する)。

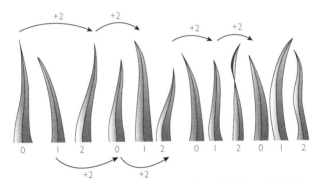

図6.3 公差2，長さ3の等差数列には必ず3の倍数が1つ含まれる

第1項が3の倍数なら終了だ。

第1項が3の倍数＋1なら，第1項に2を足した第2項が3の倍数になる。

最後に，第1項が3の倍数＋2なら，第1項に4(2＋2)を足した第3項が3の倍数になる。

3の倍数で素数なのは，第2章で見たとおり3だけだ。よって，公差2で3つの素数からなる等差数列として考えられるのは3を含

第6章 難しい問題を簡単に

むものだけとなり，すべての可能性を調べると条件を満たすのは 3, 5, 7 だけだとわかる。

公差 3 の等差数列に関する考察の結果を広げて，公差が奇数の等差数列に関する一般的な結論を導き出すことができたのと同じように，公差 2 の等差数列に関する議論を広げることもできる。もしも公差が 3 の倍数＋1 または 3 の倍数＋2 の場合，長さ 3（以上）の等差数列は必ず 3 の倍数を含むので，1 つの項が 3 そのものである場合を除いて，すべての項が素数になることはありえない（これはかなり厳しい条件で，第 1 項が 3 であるよりほかにない）。

よって一般的に，素数だけからなる長さ 3 以上の等差数列を探そうと思うなら，公差は偶数かつ 3 の倍数でなければならない。偶数かつ 3 の倍数の公差を選んでも，その等差数列が素数だけで構成されるという保証はないが，公差がせめて偶数かつ 3 の倍数でなければ，探すだけ時間のムダなのだ（条件を満たす等差数列はあったとしてもごく少数）。別の言い方をすれば，公差は 6 の倍数でなければならないという結論になる。

たとえば，先ほど見たように，5, 11, 17, 23, 29 は公差 6，長さ 5 の素数の等差数列の 1 つだ。ほかの公差についても探してみよう。たとえば，7, 19, 31, 43 は公差 12 の素数の等差数列であり，11, 41, 71, 101, 131 は公差 30 の素数の等差数列だ。

この種の推論は，もっと長い素数の等差数列の公差について分析するときにも使える。ぜひみなさん自身で確かめてみてほしい。たとえば，5 つの素数の等差数列の公差について何がいえるだろう？

忘れないでほしいのだが，私たちが公差に課している条件を満たすからといって，そうしてつくられた等差数列が必ず素数だけで構成されるという保証はない。しつこいのはわかっている。ただ，この点はとても大事だ。公差 6，第 1 項が 29（＝素数）の等差数列を選

んだとしても，すべての項が素数になるわけではない。第2項は35（=5×7）だからだ。したがって，「公差が偶数かつ3の倍数」というのは素数だけからなる長い等差数列をつくる絶対確実な方法ではないが，探す対象を狭める方法にはなる。

こうした事実はとても面白いが（少なくとも私は面白いと思う。みなさんもそう思ってくれるといいのだが），お気づきのとおり，先ほどの疑問の答えにはまったくならない。50個の素数からなる等差数列はあるのか？　この疑問は少しも解決していない。これまでの議論では，そういう等差数列が存在する可能性を排除できたわけでもなければ，実在することを証明できたわけでもない。原理的にはコンピューターの力を借りて探すこともできるが，現実的にはとうてい不可能だ（時間がかかりすぎる）。仮にコンピューターで50個の素数からなる等差数列が見つかったとしても，探す等差数列をもっと長くすれば，あっという間にコンピューターの手に負えなくなってしまうのだ！

そこで，なんらかの数学的議論が必要になる。私は先ほど，「50個の素数からなる等差数列は存在するか？」とだけ訊ねた。私は「イエス」か「ノー」の答えだけで大満足だ（もちろん，きちんとした根拠があればだが）。この疑問に答えるのに，必ずしも50個の素数からなる等差数列の実例を探し出す必要はない。この点は「数学あるある」といってもいいくらいの重要なポイントだ。ある数学的対象の実例を挙げるよりも，その存在を証明するほうがずっと簡単なことも多いのだ。

セメレディの定理

「素数だけで構成される，いくらでも長い等差数列の存在を証明する」という問題は，昔からよく知られている。そこで，ここでは

その歴史について少しだけ話をしよう。ただし，寄り道をしたくないみなさんは次の小見出しまで飛ばしていただいても問題ない。数多くの論文を記したハンガリー人数学者のポール・エルデシュ（1913〜1996）は，「正の整数からなる無限集合が，それらの整数の逆数の和が発散するという性質をもつならば，その集合には任意の長さの等差数列が含まれる」と予想した。つまり，どんな長さを選んでも，その長さ以上の等差数列が見つかるという意味だ。ちなみに，素数の逆数の和は発散する（和の発散の意味も含めて，詳しくは第10章で）。よって，エルデシュの予想の特殊なケースとして，すべての素数の集合にはいくらでも長い等差数列が含まれるということがいえるわけだ。エルデシュの予想が，数論の問題というよりは実質的に「組みあわせ論」の問題であるという点は注目に値する。つまり彼の予想は，集合に含まれる数の具体的な性質に依存しているのではなく，逆数の和が発散するのに十分なくらい多くの数が存在するかどうかだけに依存しているわけだ。エルデシュの予想が正しければ，素数の集合にはいくらでも長い等差数列が存在することがただちに導かれる。しかも，その結論が導かれるのは，素数の奥深い数論的性質からではなく，単純に素数がたくさん存在するという理由からなのだ。なんて面白いのだろう！

　残念ながら，この予想はいまだ証明されていない。しかしながら，これと関連するエルデシュとトゥランの1930年代の予想のほうはすでに証明されており，今では**セメレディの定理**と呼ばれている。セメレディの定理の十分に強力なバージョンが証明できれば，エルデシュの予想も証明できる。そこで，先にセメレディの定理について説明し，そのあと素数の話に戻ることにしよう。

　セメレディの定理は**ラムゼー理論**と呼ばれる数学分野に属する。イギリスの数学者フランク・ラムゼー（1903〜1930）にちなんで名づ

けられたラムゼー理論の目的は,構造のなさそうな場所に構造を見出すことにある。(実際,ラムゼーは若くして亡くなる前に新たな数学分野の確立に成功した。)ラムゼー理論には見事なアイデアがいくつもあるが,ここでは素数を理解する旅と密接にかかわっているセメレディの定理についてのみ説明しよう。

仮に,1以上1,000,000以下の数のなかから1%を抽出するとしよう(選び方は自由)。この抽出した数の集合のなかに,必ず"長い"等差数列が含まれるだろうか? セメレディの定理によれば,どれだけ少ない割合の数を選んだとしても,十分に大きな集合のなかからその数を選び出せば,必ず長い等差数列が見つかる。「十分に大きな」というのが実際にどれだけ大きくなければならないのかは,私の選ぶ数の割合と,探そうとしている等差数列の長さによって決まる。そして,この依存関係はセメレディの定理における上限と下限によって押さえられる。セメレディの定理における上限と下限について十分にわかっていて,なおかつ素数の集合がそれらの条件を満たすことがわかれば,私たちの望む結果が証明できる。

ご想像のとおり,セメレディの定理を初めて証明したのはセメレディだ。ハンガリー人数学者のエンドレ・セメレディは,1975年にエルデシュ=トゥランの予想を証明した。彼の証明は組みあわせ論のアイデアを思いがけない方法で用いた独創的なもので,ほかの数学者たちがその後の結果を続々と証明する足がかりとなった。しかし,彼の証明は私たちが期待するほど有益ではない。彼の定理がいわんとしているのは,Nを十分に大きな数とした場合,1からNまでの数のなかから1%を選び出せば,たとえば長さ47の等差数列が必ず含まれるということだ(抜き出す割合や等差数列の長さはいくつでもよい)。セメレディはこの予想が正しいことを証明できたのだが,具体的なNの大きさについては明言できなかった。彼が証明

できたのは，ただ十分に大きい N が存在するということだけだ。

それからわずか 2 年後の 1977 年，エルサレム・ヘブライ大学のヒレル・ファステンバーグが，エルゴード理論と呼ばれるまったく別の数学分野の道具を用いて別の証明を与えた。しかし，その証明でも N の大きさについてはなんの情報も得られなかった。ようやく上限と下限が得られたのは 2001 年のことだった。ケンブリッジ大学のイギリス人数学者ティム・ガワーズが，セメレディの定理の別の証明方法を発見したのだ。この問題などに関する研究が認められ，ガワーズは 1998 年にフィールズ賞を受賞した。

ガワーズの証明は，上限と下限を与えたという点，そして数学者たちに新しい考え方をもたらしたという点では刺激的だった。しかし，素数の間隔に関するチャン・イータンの研究と同様，彼の上限と下限は大躍進である反面，少し期待外れでもあった。ガワーズの証明以降，セメレディの定理に関する活動が急ピッチで進められており，今ではさまざまな数学分野の手法を用いた証明がいくつか知られているとともに，上限と下限も少しずつ改良が重ねられてきた。第 5 章で紹介したテレンス・タオは，セメレディの定理を「数学界のロゼッタストーン」と称している。いろいろな証明手法の類似点や関連性を調べることで，数学のさまざまな部分どうしの相互関係がずっと深く理解できるようになったからだ。しかし，誰かがこの上限と下限を飛躍的に改善しないかぎり，この手法を用いていくらでも長い素数の等差数列が存在することを証明するのは不可能なのだ。

長さ 5 の素数の等差数列

私が先ほど投げかけた疑問について考えるうち，みなさん自身でも何か発見があったかもしれない。5 つの素数からなる等差数列の

公差について何が言えるだろう？ 私の考えはこうだ。

すでに説明したとおり，素数の等差数列が豊富に存在するためには，公差（素数どうしの間隔）が 6 の倍数でなければならない。では，公差がちょうど 6 の場合はどうなるだろう？

すべての可能性について調べてみると（第 1 項を 5 で割った余りについて考える），公差が 6 で 5 つの項からなる等差数列には，必ず 5 の倍数が含まれるとわかる。

5 の倍数で素数なのは 5 だけなので，公差が 6 で 5 つの項からなる等差数列は 5, 11, 17, 23, 29 のみだとわかる。

ここでの問題は，6 を繰り返し足していくことで，5 で割った場合の余りが網羅されてしまうという点だ。つまり，第 5 項までには必ず 5 の倍数に出くわすわけだ。公差が 5 の倍数以外の場合には同じようなことが起こるので，長さ 5 の等差数列は存在しないか，せいぜい 1 つしか見つからない。たとえば，5, 17, 29, 41, 53 は公差 12，長さ 5 の素数の等差数列だ。公差 18，長さ 5 の素数の等差数列は，あるとすれば 5 で始まるものに限られるが，5, 23, 41, 59, 77 は 77 が素数でない。よって，公差 18，長さ 5 の素数の等差数列は存在しない。

よって，長さが 5 の素数の等差数列が 2 つ以上存在するためには，公差が 6 の倍数かつ 5 の倍数，つまり 30 の倍数でなければならない。

そして，もっと長い数列についても同じように考えられる。

素数の等差数列に関する大発見

数セクション前で，「50 個や 100 個の等間隔の素数の列は存在するか？」と訊ねた。これまでの説明を読んで，この問題の難しさがおわかりいただけたと思う。

それでも，実をいうとこの問題の答えは判明している。21世紀の最初の数年で，テレンス・タオ（すでに登場ずみ）とイギリス人数学者のベン・グリーンが衝撃的な結果を証明した。なんと，いくらでも長い素数の等差数列が存在するというのだ！　グリーン＝タオの定理によれば，どのような長さを選んでも，その長さの素数の等差数列が必ず存在する。100万個の等間隔に並んだ素数の列がつくりたい？　問題ない。そのような等差数列が存在することは，グリーン＝タオの定理が保証している。感動的ではないだろうか？

　では，ふたりはこの定理をどう証明したのか？　グリーンとタオはセメレディの定理，特にガワーズの研究に精通していた（実際，ティム・ガワーズはベン・グリーンの博士課程の指導教授だった）。ふたりはガワーズのアイデアを使い，素数に関する深い理解と組みあわせ，グリーン＝タオの定理を導き出した。ふたりの証明ではその長い等差数列の具体例は示されていないが，素数の先の先まで調べていけば，いつかは500個（または何個でもいい）の等間隔の素数の列が見つかる。そういう素数の列の具体的なつくり方がわかるわけではない。だが，500個の等間隔の素数の実例を見つけるのはそう面白い問題ではない。重要なのは，その存在がわかっていることなのだ。

　グリーン＝タオの定理は素数研究における大発見となり，ベン・グリーンとテレンス・タオは2005年のオストロフスキー賞（2013年にチャン・イータンが獲得した賞）を含め，数々の賞を受賞した。大発見があったときはいつもそうだが，ふたりの発見はグリーンやタオ，そしてその他おおぜいの数学者たちによる数多くの研究へと発展していった。数学者たちは常に，新しいアイデアや発見がほかの問題について何を教えてくれるのか，素数やセメレディの従来の定理について何を物語っているのかに目を光らせている。確かにそう，素数を理解するのは難しい。しかし，大発見がふいに風穴を開けるこ

ともある。そして，一歩ずつの小さな発見は，世界じゅうで毎日のように生まれているのだ。

7

2013年6月
Polymath8, 始動

2013年5月末を迎えるころには，チャン・イータンの議論を改良してよりよい上限値を得るための研究に大きな進展が見られていた。それは，**許容集合**を見つけ出すことに特化した研究だった。許容集合はこの議論において重要な役割を果たすので，ここでその意味について説明しておこう。

パンチカードと許容集合

すべての正の整数(1, 2, 3, ...)が並んだとてつもなく長い紙切れを想像してほしい。ここで，素数探しに使う型板のようなものをつくるとしよう。図7.1に描かれているのは，一定の箇所に穴が開いている昔ながらのパンチカード風の型板だ。

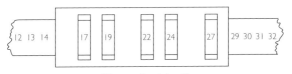

図7.1　パンチカード

このパンチカードを数の列に沿ってスライドさせ，穴から見える数がすべて素数となるケースを探すものとしよう。

たとえば，パンチカードに間隔が2ずつ離れた3つの穴が開いているとしよう(図7.2を参照)。

この場合，前章で見たとおり，穴から見える数がすべて素数にな

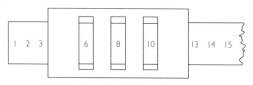

図 7.2 {0, 2, 4}に相当するパンチカード

るのは，パンチカードを 3, 5, 7 の上に置いたときだけだ。パンチカードを右にずらしていくと，穴から見える数のうちの 1 つは 3 より大きな 3 の倍数となり，素数ではなくなる。このパンチカードを集合 {0, 2, 4} と表現することにしよう。このパンチカードを使うと，1 つ目の数 n に対して，n, $n+2$, $n+4$ という数が常に穴から見えることになる。図 7.1 に示したパンチカードは集合 {0, 2, 5, 7, 10} で表せる。

パンチカード {0, 2, 4} は私たちにとっては都合が悪い。私たちが探しているのは，見えている数がすべて素数となる例が無数に存在するようなパンチカードだ。

残念ながら，それは高望みというものだろう。そのようなパンチカードの存在を証明すること自体，とても難しいからだ（現時点では，2 つ以上の穴をもつパンチカードで，このような性質を証明できるものは存在しない）。しかし，見えている数がすべて素数となる例が無数に存在する可能性があるようなパンチカードを探すことならできる。このように，不備があるとして却下する明白な理由が存在しないようなパンチカードのことを**許容可能**なパンチカードと呼ぼう。

先ほど例として挙げた {0, 2, 4} というパンチカードはまちがいなく，許容可能ではない。見えている数がすべて素数となる例が無数に存在しないという"明白"な理由があるからだ。このとき，素数 3 をこのパンチカードが許容可能でないことの**証人**と呼ぶ。穴から見えている数の 1 つは必ず 3 の倍数になるからだ。問題は，見えて

いる数が3で割った余り$(0, 1, 2)$を全通り網羅しているという点だ。そのせいで，必ず3の倍数が1つ含まれてしまうのだ。

これがあるパンチカードを許容可能でなくする"明白"な理由の意味するところだ。見えている数の集合がpで割った余りを全通り網羅するような素数pが存在する場合，見えている数のなかに必ずpの倍数が含まれる。この場合，見えている数がすべて素数となる例は無数に存在しないことがわかる（前章で説明したとおり）。

たとえば，奇数と偶数の両方を含むパンチカードはことごとくボツとなる。そのようなパンチカードは素数2を証人として許容可能でない。図7.1に示した例は集合$\{0, 2, 5, 7, 10\}$に対応するので，許容可能でないパンチカードの一例だ。

一方，証人となるような素数pが存在しない場合，穴から見えている数がすべて素数となるような集合は無数に存在する可能性がある（本当にそのような集合が無数に存在するかどうかは，現時点では判断しようがないが！）。それが**許容可能**の意味だ。数学の文献では，許容可能なパンチカードではなく**許容集合**という言葉が使われる。

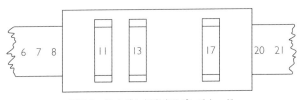

図7.3　$\{0, 2, 6\}$に相当するパンチカード

たとえば，パンチカード$\{0, 2, 6\}$（図7.3）はまぎれもなく許容可能だ。このパンチカードには3つの数（穴）しか存在しないので，2と3という2つの素数についてのみ心配すればよい。それより大きな素数は，その素数で割った場合の余りが必ず4通り以上あるので，余りが全通り網羅されることはありえない。素数2についてはすぐ

に大丈夫だとわかる。見えている数はすべて奇数かすべて偶数であり，見えている3つの数のなかに奇数と偶数の両方が現れることは絶対にないからだ。素数3についても同様の議論が成り立つ。1つ目の数と3つ目の数は3で割った場合の余りが等しいので，この3つの数の余りがバラバラになることはありえない。

しつこいようだが，このパンチカードの穴から見えている数がすべて素数となるような集合が無数に存在するかどうかはわからない。そんなことが証明できるとしたら，双子素数予想も証明できるだろう。私たちが述べているのは，穴から見えている3つの数がすべて素数となる例が無数に存在することを否定する明白な理由がないということだけだ。それが「このパンチカードは許容可能である」といえるための条件なのだ。

許容集合について考えると，未証明の新たな予想が導き出される。「ある許容集合に対応するパンチカードを自然数の紙切れに沿ってスライドさせていくと，穴から見えている数がすべて素数となるような集合が無数に見つかる」という予想であり，**ハーディ＝リトルウッドの k 組素数予想**と呼ばれている。これは許容集合 $\{0, 2\}$ に対応する双子素数予想を一般化したものだ。

ゴールドストン，ピンツ，イルディリム

許容集合を用いるというアイデアはチャン・イータンまでさかのぼる。2005年，ダニエル・ゴールドストン，ヤノス・ピンツ，セム・イルディリムは許容集合の考え方(この考え方自体はそれ以前からあった)を用いて，間隔の小さな素数に関する理解を劇的に前進させる論文のプレプリントを発表した。当時は誰も知らなかったが，彼らのアイデアはのちにチャンの重要な研究材料となる。とはいえ，彼らの研究はそれ自体が奥深く，当時としては重要な発見だった。

目の前の問題が手強そうに見えるとき，数学者がよく用いる常套手段は，なんらかの未知の結果を仮定するというものだ。「この別の命題が正しいと仮定すれば，これこれこういう定理を証明できる」と述べるわけだ。このような定理は未証明の情報に依存しているので**条件つき**の定理と呼ばれる。これは前に進むのにとても有効な手段だ。どの予想が鍵を握っているかがわかるし，議論のどの部分に真の難所が潜んでいるかがわかるからだ。たとえば，数学界にはリーマン予想（数学界でもっとも有名な未証明予想の1つ）が正しいと仮定して議論を進めている論文が山ほどあるし，逆にリーマン予想が正しくないと仮定して議論を進めている論文もある。また，珍しい形の無条件の定理もある。その証明には2通りの議論があるのだが，一方の議論はリーマン予想が正しいという仮定から始まり，もう一方の議論はリーマン予想が正しくないという仮定から始まる。どちらか一方は必ず証明として有効なので，定理自体も正しくなるというカラクリだ！

　リーマン予想，厳密にいうと一般化されたリーマン予想は，双子素数予想の証明にも役立つ可能性を秘めている。1980年代，イギリス人数学者のロジャー・ヒース＝ブラウンは，ジーゲルの零点が存在すれば双子素数は無数に存在することを証明した。（ジーゲルの零点が何かは気にしなくていい。今は特に問題ない。）一般化されたリーマン予想はそうしたジーゲルの零点が存在しないと予測しているが，まだ証明はなされていない。つまり，ヒース＝ブラウンの論文は，「ジーゲルの零点が存在しなければ，双子素数予想は正しい」ことを示すだけで十分であることを証明しているのだ。近年の研究はこの方針で進められているわけではないが，第8章で再び登場するリーマン予想と密接なかかわりがある。

　ゴールドストン，ピンツ，イルディリムの3人が前提とした予想

は，エリオット゠ハルバースタム予想だ。この予想については第10章でもう少し詳しく説明したいと思う。今の段階では，素数の分布に関する詳細な予測であると理解していただければ十分だ。3人は適切な形のエリオット゠ハルバースタム予想を仮定したうえで，十分に大きな（十分な数の要素を含む）許容集合が与えられれば，見えている数に少なくとも2つの素数が含まれるような集合は無数に存在することを証明した。

　特にチャン・イータンの近年の研究と照らしあわせると，この発見の価値は計り知れない。未証明の予想を仮定しているとはいえ，3人の論文は間隔が有限の素数の組が無数に存在することを証明した史上初の論文であり，大きな前進だった。エリオット゠ハルバースタム予想のもっとも強力な形を仮定した場合，差が16以下の素数の組が無数に存在することを証明できた。そう，たったの16だ。この値はチャンの70,000,000と比べてずっと優れているが，チャンの上限値が特別なのは，未証明の予想をいっさい仮定していないという点だ。

　ゴールドストン，ピンツ，イルディリムは論文のなかで，エリオット゠ハルバースタム予想を仮定したうえで，16という上限値も含めた数々の定理を証明した。しかし，彼らの論文のなかでも特に重要なのは，証明された結果そのものではなく，彼らがたどった思考の道筋だろう。彼らは素数の間隔と，エリオット゠ハルバースタム予想の予測する素数の分布とのあいだに重大な関係があることを証明した。驚異的なのはまさにこの点であり，将来的な発見に至る道を切り開いたといってまちがいない。

チャン・イータンの上限値の改良をめぐって

　チャン・イータンはゴールドストン，ピンツ，イルディリムの論

文をもとに研究を進めた。彼が踏んだ重要なステップは，必要な仮定を削ることだった。彼はエリオット＝ハルバースタム予想の力を最大限に活かす代わりに，素数の分布に関するもう少し弱い命題から同じ結論を導き出せることを証明し，次になんとその弱い命題そのものを証明することに成功した。もっとも意外だったのは，誰もがその手法は使えないと"知って"いたことだ。同分野のほとんどの専門家は彼の手法を戦略として除外していたため，彼の議論にとって欠かせないアイデアを見落としていたのだ。このエピソードについてはあとで詳しく説明するとして，許容集合の話に戻ろう。

第5章で説明したとおり，モリソンやタオを含め，ほかの数学者たちはチャンの上限値を改善することに成功した。彼らのアイデアはひとえに，適切な許容集合を見つけることだった。チャンは，ある許容集合が十分に大きければ，見えている数字のなかに少なくとも2つの素数が含まれる集合は無数に存在することを証明した。たとえば，幅が 1,000,000 のパンチカードがあり，(チャンの定理が指定するとおり)十分な数の穴が開いているものとしよう。このパンチカードをさまざまな位置へとスライドさせると，少なくとも2つの素数を含む集合が無数に見つかるだろう。よって，差が 1,000,000 以下の素数の組は無数に存在すると推論できる。つまり，パンチカードには十分に多くの穴が開いていなければならないが(許容集合は十分に大きくなければならないので)，その一方でパンチカードの幅をなるべく狭くしたい。パンチカードの幅によって，得られる上限値が決まるからだ。

一例として，幅が 558, 穴が 100 個の許容集合を1つ書き出してみた。この集合はチャンの定理が成り立つには小さすぎるが，ここに書き出せるくらい小さいという利点がある。チャンの定理が成り立つほど巨大な例を書き出すのは不可能だ！ この例でさえ，パン

チカードとして描くには大きすぎるくらいだ。

{0, 6, 12, 22, 28, 40, 42, 46, 48, 52, 60, 66, 70, 82, 88, 90, 96, 106, 108, 118, 120, 126, 130, 132, 136, 138, 148, 160, 162, 166, 172, 178, 186, 192, 196, 208, 210, 216, 220, 222, 228, 238, 246, 250, 252, 262, 270, 280, 286, 288, 292, 298, 306, 312, 318, 328, 330, 342, 346, 348, 358, 360, 370, 372, 376, 382, 390, 396, 400, 402, 406, 412, 420, 426, 430, 438, 442, 448, 456, 460, 462, 468, 472, 480, 496, 502, 508, 510, 516, 522, 526, 528, 532, 538, 540, 546, 550, 552, 556, 558}

　したがって，チャンの上限値を改善する自然な方法は2通りある。1つは，必要な許容集合の大きさ（パンチカードの穴の数）を減らすという方法。もう1つは，より幅が狭くて十分な数の穴が開いている許容集合を探すという方法だ。

　当初，チャンの上限値の改善は，考えうる許容集合を調べ，より幅の狭い巨大集合を探すという方法で行われた。巨大な許容集合をつくるのに便利な方法が1つある。適度に大きな一連の素数を選び，その素数自体を使ってパンチカード $\{p_1, p_2, \ldots, p_k\}$ をつくるのだ。この方法なら必ず許容集合ができあがるので，残りはその大きさの集合の幅を測定する作業となる。チャンはこの手法を用いて70,000,000という上限を得た（より詳しく分析したところ，彼の許容集合からよりよい上限値が得られることがすぐにわかったが）。最初にオーストラリアの数論学者ティモシー・トラッジアン，次にモリソン，タオらは，ダグラス・ヘンズリーとイアン・リチャーズの1973年の論文をもとに，幅が狭くて多くの穴をもつパンチカードを入念に構築した。この問題のように，確認の必要な事項が十分に少なく，コンピューターに退屈な確認作業を丸投げできる場合には，具体的な例を調べ上げるのにコンピューターが大活躍する。（実際，コンピ

ューターのおかげで，特定のパンチカードが許容可能かどうかをものの数時間で確認できた。時には，もっと短い時間でそのパンチカードが許容可能でないと判明することもあった。）

　しかし，もっと穴の少ないパンチカードでも十分なのではないか？ チャンの研究のこの側面を改善するには，彼の議論を詳しく理解する必要があるだろう。

Polymath

　大人数による数学の共同研究は可能か？ 数学者のティム・ガワーズは2009年1月末のブログ記事でそう問いかけた。テレンス・タオと同じく，ガワーズもプロの数学者を含めた多くのファンをもつ数学ブログを書いている。ガワーズについては前章で少しだけ紹介した。セメレディの定理の新しい重要な証明を与えた人物だ。数学者たちによる新たな共同研究の方法を提案したそのブログ記事は，数学界のみならず，ほかの分野で同じようなアイデアに興味をもつ人々からも大きな注目を集めた。実際，ガワーズは記事のなかで，数学だけにとどまらない大人数によるオープンな共同研究について論じた，作家および科学者のマイケル・ニールセンのブログ記事を引きあいに出している。ガワーズは前々から共同研究について考えてはいたのだが，ニールセンのブログ記事や，似たような研究方法（「オープン・ノートブック・サイエンス」運動など）への関心の高まりを受けて，ついに行動を起こすことを決意した。彼は共同研究で何ができるかを思案するだけにとどまらず，共同研究の種類を具体的に思い描き，それをPolymath（poly＝たくさんの，math＝数学者）と名づけ，共同研究の基本ルールを定めた。続けて，Polymathプロジェクトで挑む数学の問題も提案した。彼の定めたルールを見ると，数学者たちの研究の仕方だけでなく，彼の思い描くPolymathプロ

ジェクトの仕組みも理解できる。

　ガワーズは,「数学の難問を解くプロセスはより小さな多数の問題を解くプロセスへと細分化できる」と考えた。そうすれば,ひとりの人間が必死に研究を行い,別の人間がその研究を監督するのではなく,いわばアリの巣づくりのように,大人数で協力しながら問題を解くことができる。場合によっては,参加者がプロジェクトの全体像を理解する必要すらなく,各々が抱える小さな問題に専念できるケースもあるだろう。ガワーズのルールの1つにこうある。

> たったひとりの人間が知恵を振り絞って考えなくても,いつの間にか問題が解けてしまうというのが理想的な結果だろう。知恵を振り絞って考えるのは,いろいろな人々の脳を併せ持った超人的な数学者にしかできないことだ。だから,問題を持ち帰ってひとりきりで黙々と考え,完璧なアイデアを携えて戻ってくるとかいうようなことは考えないでほしい。文章を読んだらその場でコメントを返し,会話がいい方向に進むよう願えばいいのだ。

　ガワーズはひとりきりで黙々とアイデアを練るのではなく,その場で考えを共有するようしきりに勧めた。ほかの人々の参考になるよう,思ったことをすぐになるべくわかりやすく表現するよう訴えたのだ。彼はこう記した。

> 研究を行うときは,くだらないアイデアをたくさん試したほうがうまくいく確率は高い。それと同じで,ここではくだらないコメントも大歓迎だ。(ただし,「くだらない」というのは「知的でない」というのとはまるきり意味がちがう。まだ磨き抜かれていないという意味だ。)

こうした考え抜かれていないアイデアやまだ吟味されていないアイデアを全員で共有するのが，Polymathの画期的な特徴の1つだ。ふつう，数学者たちは成功したアイデアや磨き抜かれたアイデアだけを発表する。それ以外のアイデアはゴミ箱行きになったり，黒板から消されたりする。Polymathの目的は，そういうアイデアを全員で共有することだ。別の参加者が，そのアイデアの欠陥をすぐに見抜くかもしれない。そうすれば，その方面からの攻略をあきらめることができる。あるいは，ある参加者がそのアイデアを有益な形へと発展させる方法を思いつくかもしれない。

　参加者たちが研究のクレジットの割り振り方に納得せず，共同研究が破綻してしまうケースもある。そこで，ガワーズは最初からこの点についてもはっきりと言及している。

> 仮に，その試みが論文として発表可能な成果につながったとしよう。ごく一部の人々がアイデアの大半を出したとしても，論文はオンラインの議論全体とかかわりのある人々の連名で提出されることになる。

　高エネルギー物理学のような一部の学問分野では，何十人や何百人の連名で論文が発表されることがよくある。たとえば，CERNの大型ハドロン衝突型加速器の論文には，おびただしい数の著者がいるのが通例になっている。しかし，数学(特に純粋数学)ではちがう。多くの論文は著者がひとりだけで，5人も6人も著者がいる論文は珍しい。

　新たな研究方法を開拓しようとしているPolymathは，数学界にさまざまな難題を投げかける。たとえば，学界の職に応募する人は，履歴書に今まで発表した論文のリストを掲載する。推薦人はそれら

の論文の価値についてコメントするかもしれないし，それが共著論文の場合にはその人がどれだけ貢献したかについてコメントすることもあるだろう。しかし，Polymath の論文はどう評価するのか？ある意味では，応募者の貢献度を評価するのは簡単だともいえる。ある論文に応募者がどれだけ貢献したかを知りたければ，もう応募者自身や推薦人の言葉をうのみにする必要はない。オンラインの議論をチェックすれば，応募者の貢献内容がはっきりと目に見えるからだ。

　数学者の仕事とは，ひたすら巨大な数の割り算を繰り返すことでもないし，数値を代入してお決まりの計算を実行することでもない。数学のプロセスは複雑であると同時に，創造力が必要でもある。問題に取り組んでいるときにはたくさんのアイデアが必要だ。そして，そのなかでうまくいくものがないか，コツコツと（場合によっては改良を加えながら）確かめる根気が必要なのだ。時には，あるアイデアがうまくいかないとわかるまでに長い時間がかかることもある。実際問題として，何人もの数学者が並行して同じ問題に取り組んでいる場合，あるアイデアを試してはうまくいかないと気づく，というプロセスを一人ひとりが別々に経験する可能性も高い。失敗したアイデアは発表されないので，未来の数学者たちの参考になるような失敗の記録も残らない。名数学者のガウスはこう言ったとされる。

　　誇りある建築家は建物の完成後も足場を残しておいたりはしない。

　問題を解くまでに試行錯誤を繰り返した数学者は，失敗を黒板から消し去り（またはゴミ箱に捨て），成功だけを論文に記す。そのため数学者には，「この手法を試してみたが，これこれこういう問題があってうまくいかなかった」というような研究記録を残すための仕

組みがない。その結果，未来の数学者たちは知らず知らずのうちに，行き着く先のない道をたどり直すはめになる。これはムダな努力にも思えるが，あるアイデアを試してそれがうまくいかない理由を理解するプロセスは，問題に取り組むうえでとても役立つ。その問題をめぐる数学的状況がより深く理解できるだけでなく，より有益な新しいアイデアへとたどり着く場合もあるからだ。Polymath の革命的な特徴の 1 つとは，そうした試行錯誤や紆余曲折が，のちの人々のために細かく記録されるという点なのだ。

　その後のブログ記事で，ガワーズはある未解決問題の数学的背景を述べ，その問題について説明し（密度版ヘイルズ＝ジュエット定理の組みあわせ論的証明を与え），その問題を解くための彼自身のアイデアを説明した。それは重要な問題であり，その分野の専門家たちは心から解きたいと願っていたが，とりわけ有名な問題ではなかった（たとえば双子素数予想と比べれば知名度は格段に劣る）。確かに魅力的な数学分野ではあるが，ここでは寄り道して説明することはしない。その問題自体は素数というよりも，むしろ前章で簡単に触れたラムゼー理論やセメレディの定理と関連するものだからだ。

　密度版ヘイルズ＝ジュエット定理に関してまぎれもなく重要なのは，今では組みあわせ論的証明が存在するという点だ。（定理自体は，ヒレル・ファステンバーグとイツハク・カッツネルソンがエルゴード理論のアイデアを用いてすでに証明ずみだった。ここで重要なのは，新しい証明がまったく別の道をたどったという点だ。）ガワーズ自身も含めた多くの人々が仰天したことに，わずか数週間後，Polymath プロジェクトで証明が見つかった。2009 年 3 月 10 日，ガワーズは「問題は解決したとおおむね確信している」と記した。経験豊富な数学者なら，すべての点と点が結ばれる前に問題が解けたとわかってしまうものだ。時には，謎はすべて解けたと直感的に悟り，あとは細かい

部分の確認と修正さえすればいいとわかってしまうこともある。

彼のブログ記事にはおびただしい数のコメントが寄せられ，やがては進捗を追跡するためのウィキまで立ち上げられた。そしてとうとう，参加者たちは長年の未解決問題を解くことに成功した。その論文は D. H. J. Polymath（DHJ は密度版ヘイルズ＝ジュエットの略）という名前のもとで執筆され，『数学年報』（のちにチャン・イータンの双子素数の論文が発表される学術誌）に発表された。数学では年じゅう研究問題が解かれる。しかしこの論文がユニークなのは，誰もが最終論文だけでなく，途中経過も確認できるという点なのだ。

広がる Polymath プロジェクト

密度版ヘイルズ＝ジュエット定理の証明で Polymath プロジェクトが思いがけない成功を収めると，ほかのプロジェクトが続々と生まれるのはもはや必然の成り行きだった。数学者たちは D. H. J. Polymath に学び，大人数による共同研究に適した問題を探りはじめた。

その後のいくつかの Polymath プロジェクトは，数学のさまざまな分野の問題に関するもので，その成功の度合いはプロジェクトによってまちまちだった。Polymath プロジェクトの特徴はなんといってもオンラインで詳しい情報を確かめられるという点なので，ここではそのすべてを事細かに紹介するつもりはない。しかし，そのなかでも特に参考になると私が思う 2 つのプロジェクトにスポットライトを当ててみたいと思う。

1 つはテレンス・タオが立ち上げた一種の"小型版"Polymath プロジェクトだ。毎年夏，世界じゅうの何百人という数学好きの学童たちが国際数学オリンピックに参加し，腕を競いあう。大会は数日間にわたって続き，外国のチームの人々と交流する機会もふんだん

にある。だが，大会の目玉は，なんといっても2回にわたって行われる超難関の試験だ。1回の試験は4時間半，各3問ずつで構成される。

2009年7月，タオはその年の国際数学オリンピックの最終問題（つまり第6問。ふつうは最高難易度の問題が出される）をPolymath風の議論のテーマに選ぶことを提案した。「この問題は一歩ずつ小さな発見を積み重ねていくPolymathのアプローチに向いている」というのがその理由だという。しかし，国際数学オリンピックの問題は通常の研究プロジェクトとは少し趣が異なる。すでに問題の解法を知っている人がたくさんいたし，オリンピック参加者が知っている数学的手法を使って解けることもわかっていた。また，優秀な参加者であれば制限時間以内に解けるとされていた。そのため，解答を調べて（または自分で考えて）投稿したりはしないよう注意が促されたが，そのほかの面では最初のPolymathプロジェクトと構成が似ていた。タオはガワーズの最初のPolymathルールに加えて，「解答を調べない」「解答を明かさない」「解答へのリンクを貼らない」といったいくつかの基本ルールを追加したが，歓迎する投稿の種類についても明記した。

　役立ちそうだと思うアイデアを発見したら，そのアイデアを発展させる方法が"明白"でないかぎり，ひとりきりでアイデアを発展させるのではなく，ぜひここにいる共同研究者のみなさんと共有してほしい。

　実際，ほかの参加者が問題を解くのに役立つと思う可能性がほんの少しでもあるなら，"くだらない"アイデアでもどしどし投稿してかまわない（そして投稿するべきだ）。

　また，"失敗"も投稿する価値がある。ほかの参加者がうまく拾

ってくれるかもしれないし，そうでなくとも，まちがった攻略法を除外し，より有望なアプローチだけを浮き上がらせる貴重なデータとなるだろう。

　数学者が"失敗"を共有し，完璧な解答を共有し<u>ない</u>よう求められる機会などそう多くない。

　国際数学オリンピックの問題を解くのは骨が折れるが，まちがいなく未解決問題を解くよりは易しい。予想通り，数日後には複数の答えが見つかった。このすばやいプロセスのおかげで，Polymathのような共同研究プロジェクトで何がうまくいき，何がうまくいかないかを考察しやすくなる。実際，タオはそうした問題について考察する記事を書いた。そのなかには技術的な問題についての意見もあった。ブログの会話は直線的なので，いちどに何方向にも枝分かれしていく数学の会話にとっては妨げになることもある。その点，名案やキーポイントを効率的に記録できるウィキなどのツールはとても便利だ。（最初のPolymathプロジェクトでも，参加者たちは似たようなことに気づいた。）

　タオはPolymathと通常の研究手法とのちがいについて振り返り，こう記した。

> Polymathのプロジェクトでは，たった1つの解答ではなく複数の解答が見つかる可能性が高い。ひとりきりで研究を行う研究者は，いちどに1つのアイデアだけにこだわる傾向があるので，解答は仮に見つかったとしても1つだけのことが多い。一方，Polymathプロジェクトでは，何通りもの攻略法を並行して試せるので，いったん突破口が開けると複数の解答が得られる場合が多いのだ。

彼はこう続ける。

Polymath の歩みはたいへん速いと同時にたいへん遅くもある。

Polymath ではアイデアが怒濤のごとく生まれるが，参加者が他者のアイデアを吸収して処理するのは難しいこともある。そのため，有望な攻略の道筋がアイデアの海に紛れてしまうことや，一時的に見落とされてしまうことも珍しくない。有望な道筋を探り当てた人物が，ほかの参加者がその意味を理解する前に正しい結論までたどり着いてしまうケースもあるだろう。しかし，数多くの攻略の道筋を切り開いたり，失敗や行き止まりを見つけ出したりするという点では，個人の研究者よりも Polymath のほうが一枚上手(うわて)なのだ。

Polymath5

もう1つ，私が取り上げたい Polymath プロジェクトは，エルデシュの食い違い問題（第6章で紹介したポール・エルデシュにちなむ）をテーマにした Polymath5 だ。本書の本題からは逸脱するので数学的内容については省略するが，このプロジェクトについておおまかに紹介しておきたい。というのも，このプロジェクトは数学の前進方法をよく物語っているし，何をもって前進とみなすかという疑問に着目するきっかけになると思うからだ。

2009年12月末，ガワーズは3つの新たな Polymath プロジェクトの候補をブログで取り上げ，読者に投票を呼びかけた。投票の結果，2010年1月上旬から，Polymath5 という名称でエルデシュの食い違い問題に関する研究が本格的に始まった。この問題が Polymath に向いていた特徴の1つは，計算的な側面が含まれるという点だ。コンピューターを使って巨大な数の例を探すスキルをもつ人

々は，プロジェクトにとって大きな戦力になった。1月中旬，議論が急速に進むなか，ガワーズはPolymath5のそれまでの経験を振り返ってこう述べた。

> このプロセスは，理論と実験の交わる可能性がある問題にとっては理想的だ。DHJ（最初のPolymathプロジェクト）でも，理論と実験の両方の側面があったが，2つの交わる部分は少なかった。それはDHJの性質によるところが大きい。DHJの場合，非常に低い次元を除いてDHJに関するデータをコンピューターで収集するのは不可能なので，実験の結果から一般的な結論を導出するのは難しい。だが，エルデシュの食い違い問題の場合は状況がかなり異なる。実験的に生成された長い数列を調べるだけでも，大きな教訓が得られたのだ。

実は，彼がこう記したのはプロジェクトが"正式に"開始される前だったのだ！

ガワーズはそれまでの会話をまとめた記事を発表し，プロジェクトを正式に発足させた。そのなかには，将来の理論的研究に役立つかもしれない大がかりな実験的要素も含まれていた。こうした過去のコメントの要点をまとめたブログ記事は，ガワーズであれ，タオであれ，ほかの人物であれ，誰がホストを務めるPolymathプロジェクトでも，その成功に大きく貢献してきた。監督者のいないアリの巣づくりの精神とは必ずしも一致しないが，それを避けるほうがむしろ難しいのだ。いずれにしても，Polymath5では活発に会話が続けられた。数学界ではよくあるように，プロジェクトの途中で興味深い問題が次々と派生しては，そのすべてではないにせよ一部があっという間に解かれていった。2月中旬を迎えると，会話のペ

ースはやや落ち着いたが，参加者たちの思考を刺激するような新しいアイデアはまだ残っていた。最初の数週間ほどの熱狂や興奮はなくなったものの，それから数カ月間，そうしたアイデアについて検討が続けられた。

2010年6月，ガワーズはこの問題に関する見解をブログに投稿し，会話にもういちど活を入れた。それは個人の研究者がたびたび直面する疑問だった。いつ研究に区切りをつけるか？　といっても研究を断念するわけではなく，いったんそのプロジェクトを脇に置き，別の問題に取り組むという意味だ。私たちの無意識は，数学者として優秀であることが知られている。偉大な数学者アンリ・ポアンカレ(1854～1912)は，ある問題についてしばらく研究していたのだが，バスに乗ろうとしたときにパッとその答えをひらめいた。

> バスのステップに足をかけた瞬間，アイデアがひらめいた。それまでいくら考えてもそんなアイデアを思いつく気配はいっこうになかったのだが。

研究プロジェクトをいったん脇に置き，しばらくしてから考え直すのはいい戦略だが，そのタイミングをどう判断すればいいのだろう？　そしてPolymathという新しい世界では，参加者たちは中止(少なくとも中断)のタイミングをどう決めればいいのか？　この点はPolymathにとって特に重要だ。Polymathプロジェクトで活発に議論が交わされているあいだは，数学者が(Polymathを離れて)ひとりでその問題について研究するとは考えづらい。そのため，プロジェクトを将来的に再開するとしても，いったんなんらかの区切りをつける必要があるかもしれない。また，プロジェクトの研究成果を論文にまとめるのも効果的だろう。とりわけ，将来的にそのプロジ

ェクトが論文へと発展した場合，通常どおりの方法でしっかりと引用できるようにしておくためだ。

　2010年9月上旬になると，ガワーズはPolymathの参加者たちに，今後の研究の進め方を問いかけた（中止するか，継続するか，それともその中間を選ぶか）。彼自身はまだこの問題に興味があったが，研究に積極的に参加する人々は全体的に減る一方だったからだ。どうやら，Polymathのプロジェクトには一定のパターンがあるらしい。最初に，アイデアが次々と生まれ，参加者たちが議論に置いていかれないよう多くの時間を捧げる非常に盛況な時期がある。しかし，Polymathだけに時間を割ける人ばかりではないので，同じ水準の熱中を維持できる人はごく限られてくる。この段階までくると，エルデシュの食い違い問題はほとんど進展がなくなった。多くの人々はまだ問題を頭の片隅に置いていたし，ときどきひとりで考えることもあったはずだ。実際，プロジェクトは2012年夏に少しだけ活気を取り戻し，途中でポツポツと新たな情報も出たのだが，最終的にはすっかり静まりかえってしまった。

　すると2015年9月，テレンス・タオが突然「エルデシュの食い違い問題の答えを発見した」と発表した。それは，3つの重要な要因が結びついた結果ではないかと思う。1つ目はPolymath5の研究。2つ目はカイサ・マトマキとマクシム・ラジヴィウという新進気鋭の数学者による刺激的な新しい研究結果。3つ目はドイツ人数学者ウーヴェ・ストロインスキーのブログ・コメントを参考にしたタオ自身の並外れた洞察力と発想力だ。前から，タオはPolymath5プロジェクトにとても積極的に参加しており，そこで議論されたアイデアに深く熱中するようになった。何か問題に取り組んでいるときは，こうした熱中は欠かせないものであり，そういう意味では，タオが数年後に大発見をする舞台は整っていたといえる。

マトマキとラジヴィウはこの問題にまったく取り組んでいなかった。ふたりの驚異の発見は，一見するとまったく別の数論の問題に関するものだった。マトマキは英ロイヤル・ホロウェイで博士号を取得後，フィンランドに帰国して研究員となった。ラジヴィウは米スタンフォード大学で博士号を取得して以降，アメリカとカナダの学界で数々の高名な地位を担ってきた。そのすばらしい共同研究の結果，ふたりは2016年のSASTRAラマヌジャン賞を共同受賞した。ラマヌジャン賞とは，「今は亡きインドの天才数学者シュリニヴァーサ・ラマヌジャンの影響を受けた数学分野に並外れた貢献を行った32歳以下の数学者に毎年贈られる」賞である。ちなみに，2006年にテレンス・タオ，2007年にベン・グリーンも同賞を受賞している。

　ふたりの研究について知ったタオは，彼らと共同で，彼らの結果をほかのさまざまな問題に応用した。そして2015年9月上旬，彼は自身の論文のときと同様，マトマキおよびラジヴィウとの共著論文についてブログ記事を発表した。2015年9月9日，ウーヴェ・ストロインスキー（彼自身もPolymath5に参加していた）がこのブログ記事にこうコメントした。

> この数独チックな議論を読んでいると，エルデシュの食い違い問題に関するPolymathプロジェクトを思い出すよ。

　彼は続けて，マトマキとラジヴィウの研究をエルデシュの食い違い問題に活かせないだろうかと問いかけた。数時間後，タオはコメントへの返信でふたりの研究結果を活かせそうもない理由を説明した。ところがその数時間後，タオは前言をひるがえした。

うーん，やっぱりエルデシュの食い違い問題とわれわれが先の論文で研究した内容には関連がありそうだ。

　2015年9月11日，タオは新しいブログ記事に自身の考えを綴った。彼はPolymath5プロジェクトの研究を土台にして，「非漸近エリオット予想」と彼が呼ぶ未証明の予想を仮定すれば，エルデシュの食い違い問題が解決することを証明した。1週間後の9月18日，彼はオンラインにアップロードしたばかりの2つの論文について，別のブログ記事を投稿した。1つ目の論文は，マトマキおよびラジヴィウとの共同研究に基づき，非漸近エリオット予想に関連する(とはいえ少し弱い)結果を証明するもの。2つ目の論文は，この定理がエルデシュの食い違い問題を解決するという証明だった。めでたしめでたしだ！

　タオはたぐいまれなる数学者だ。奥深くて専門的な新しいアイデアを吸収し，それをすぐさま難問へと応用してしまう彼の能力には，ただただ驚かされる。しかし，このエピソードは数学界の大きな疑問を見事に象徴している。数学研究のクレジットを誰に与えるべきなのか？　タオは(数々の実績に加えて)エルデシュの食い違い問題を解決した人物として永久に名を刻まれるだろうし，事実そのとおりだ。しかし今回のケースでは，解決へと結びついた要因がいつも以上にはっきりとしている。Polymath5やタオのブログで交わされたオープンな議論のおかげだ。もちろん，彼の功績を貶めるつもりは少しもないし，タオ自身，Polymath5の研究やストロインスキーの論文にあるアイデアが参考になったとしきりに強調している点は言っておかなければならない。しかし数学界として，人々が問題の解決に貢献するいろいろな方法を認めておくことは重要だと思う。タオのように，解決の最後の仕上げとなるようなアイデアや洞察を

思いつくのが得意な人もいれば，この場合のストロインスキーのように，物事の共通点や類似性を見つけるのがうまい人もいる。Polymath5の多くの参加者のように，コンピューターを使って実験的な作業を行い，出力データに潜むパターンや構造を探し出し，大胆な予想を打ち立てる人もいれば，マトマキやラジヴィウのように，想定外の影響を及ぼすような結果を証明する人もいる。確かに，孤高の数学者が独力で大きな発見をするというロマンチックな物語には心を揺さぶられる。そして，ジグソーパズルの最後のピースをはめた人物にすべての功績を与えたくもなる。しかし，それでは多くの数学者たちがせっせと築き上げてきた土台の価値を無視してしまうことになる。ジグソーパズルの外枠の部分をつくるのは退屈な作業だが，時にはパズルを完成させるうえで欠かせないステップでもあるのだ。

　では，Polymath5は成功だったのか？　このプロジェクトでエルデシュの食い違い問題が解決したわけではない。それでも，貴重なデータやアイデアがたくさん生まれ，ストロインスキーやタオのような何人もの人々が問題に没頭した。そのおかげで，ほかの誰かが新しい結果や手法を発見したとき，とっさにそのチャンスをつかむことができたのだ。私から見れば，これは成功以外の何物でもない。「Polymath5プロジェクトが存在しなければ，いまだにエルデシュの食い違い問題は解決していなかっただろう」とガワーズは話す。この彼の言葉は重要な意味をもつ。数学をより深く理解することは，将来的なPolymathプロジェクト(そしてもちろん個々の数学者の将来的な研究)にとって十分立派な目的になるからだ。有名な未解決問題に取り組むのは，その分野の第一人者たちが既存の知識では解決不能だと口を揃えているなら無意味に思えるかもしれないが，目的が問題を解くことではなく，その問題に対する現時点での知識をつぶ

さに記述すること，未来の研究者がその問題について考えるための足がかりを築くことだとしたらどうだろうか？ その目的なら達成可能だし，十分に追求する価値があるだろう。

Polymath8

もう1つ，別のPolymathプロジェクトを紹介しよう。こんどはテレンス・タオが提案したプロジェクトだ。彼のPolymathにかける熱意や素数研究の専門知識を踏まえれば，彼が「素数間の有界な間隔」と題するPolymath8プロジェクトを提案したのも不思議ではなかった。彼は2013年6月4日の最初の提案で，このプロジェクトの2つの（密接に関連する）目標を掲げた。

　①素数の間隔に関する上限値をさらに改善する。
　②チャンの議論（そしてエリオット＝ハルバースタム予想のさまざまな形に関するボンビエリ，フヴリ，フリードランダー，イワニエックの研究など，その他の関連する文献）を理解して明確化する。

ここで，簡単な補足をしておこう。目標①は，チャン・イータンの70,000,000という上限値を改善することだ（究極の目標は2であるという点を忘れないでほしい）。特筆すべきなのは，チャンの研究や彼が参考にしたさまざまな論文の意味を理解するという目標②のほうだ。教科書に出てくる数学はわかりやすくて明快（なはず）だが，実世界の数学はそこまで整然としたきれいな形をしているわけではない。誰かが最初に定理を証明したとしても，ほかの数学者がそのアイデアを理解するのに数カ月，数年，時には数十年という時間がかかることもある。それは証明が正しいことを確かめるための時間ではなく（証明の確認に途方もない時間がかかるケースもあるが），議論を

理解するための時間だ。アイデアはどこから出てきたのか？ そのアイデアは過去に理解したアイデアとどう結びついているのか？ 適切な定義は？ 証明のどこに巧妙な近道が潜んでいるのか？ 同じ結果をもう少し証明しやすい別の形で言い換えられないか？ 数学者がこうした疑問を解決するのにはかなりの労力がいる。タオはこうした疑問の解決も十分に Polymath の共同研究のテーマになりうると言いたかったわけだ。

タオの提案からわずか数時間後，世界じゅうの数学者たちが議論に参加しはじめた。とはいえ，議論が少しだけ脇道に逸れることもあった。Polymath の研究モデルとほかの人々が行っている一般的な問題の攻略方法を共存させるにはどうすればよいか？ Polymath の研究モデルは数学界では新しい試みなので，数学者たちは Polymath の実務的な側面にどう対応するべきなのか，まだ模索を続けている段階だ。たとえば，個人の数学者が発表しようとしている結果が Polymath プロジェクトで証明された場合にはどうするのか？

こうして，Polymath8 プロジェクト「素数間の有界な間隔」が本格的に開始された。2013 年 5 月，まずはチャン・イータンが，差が 70,000,000 以下の素数の組は無数に存在することを証明して口火を切ると，5 月末までにこの上限値は 42,342,946 まで減少した。果たして，Polymath の参加者たちはこの記録をさらに更新することができるのか？ そして，最終的にはその値を 2 まで下げ，双子素数予想を完全証明することができるのだろうか？

2013 年 6 月上旬，プロジェクトが開始されると，Polymath の参加者たちはウィキを用いて"リーグ表"を作成した。まず，差が 70,000,000 以下の素数の組が無数に存在することを証明するチャンの論文が記録され，日付と彼の名前，そして 70,000,000 という上限値が記載された。上限値が改善されたと考えられるたび，新しい行

にその数値が書きこまれる。すると，ほかの Polymath 参加者たちはその議論をチェックし，議論が正しいことを確認するか，疑問を表明する。このリーグ表は「素数間の有界な間隔」プロジェクトの特設ウィキページとしてオンラインで公開されている（アドレスは巻末の参考資料セクションに載せてある）。実際のページを見ればわかるように，多くの数値に取消線が引かれている。参加者の提案する上限値がのちに撤回されたり，ほかの参加者の指摘を受けて修正されたりしたためだ。数学者は一発で正解にたどり着くわけではない。多くの数学者たちは必死で研究を行い，正しいとわかった命題だけを公表することに慣れきっているので，完璧なチェックを終える前に自身のアイデアを公衆の面前にさらすことにかなり違和感を覚える。しかし，それこそが Polymath の目的の1つなのだ。

2013年6月上旬，数学者たちがチャンの議論の細部を理解し，改善の可能な部分を見つけはじめると，リーグ表の数値は急激に減少していった。チャンの論文はさまざまな量を含む数珠つなぎの推論で成り立っており，それぞれの量が微妙な形でその前の複数の量に依存していた。そうした量の1つに k_0 と呼ばれるものがあった。彼は大きさ k_0 の許容集合が与えられると，見えている数のなかに少なくとも2つの素数が含まれるような集合が無数に存在することを証明した。したがって，k_0 個以上の穴をもつ非常に幅の狭いパンチカードを見つけることが目標の1つとなり，実際に当初の改善は，十分な数の穴をもつ幅の狭いパンチカードを見つけるという方法で行われた。となると，次の自然な目標は k_0 自体を縮めることだった。もっと穴の少ないパンチカードでもうまくいくなら，再び十分な数の穴をもつ非常に幅の狭いパンチカードを探すことにより，さらに上限値を改善できるだろう。チャンの重大な貢献の1つは，1/1168 という特定のパラメーターに対し，エリオット＝ハルバー

スタム予想の弱い形の一種を証明したことだ。となると，1/1168 よりも大きなパラメーターをとり，この結果を改善するのが1つの方法だが，依存関係を改善するという方法もあった。1/1168 というパラメーターに対する結果を固定されたものとみなし，パラメーターどうしの依存関係に着目することで，許容可能な k_0 の値を引き下げることはできないか？ 6月上旬の数日間で，まさにそのとおりのことが起こった。2013年6月6日になると，早くも上限値は387,620 まで減少したのだ。すばらしい！

ところが，そこから事態は暗転する。数学者も人間だ。時にはまちがいを犯す。6月6日，ハンガリー人数学者のヤノス・ピンツ（ゴールドストン＝ピンツ＝イルディリムの論文で有名）が arXiv にとある"プレプリント"を公開した。ほかの学問分野と同様，数学の論文も学術誌に提出され，査読を経て発表が認められるのだが，ほかの人々と研究成果を共有できるよう，査読プロセスが完了する前に発表前の原稿を共有できれば非常に便利だ（査読プロセスには数カ月かかることも珍しくないため）。arXiv はまさにそのためのウェブサイトで，論文の著者たちは厳密にタイムスタンプの押された原稿を arXiv にアップロードすることができる。また，必要に応じて論文の新しいバージョンをアップロードすることも可能だが，古いバージョンも引き続きアーカイブに保存される。ピンツのプレプリントはチャンの研究を改善するものだった。彼はもともとこの数学分野の第一人者だったので，彼の発表は青天の霹靂というわけではなかったが，興奮したほかの数学者たちはこの機会に飛びつき，Polymath8 プロジェクトでいっそうの進展を目指した。

驚いたことに，ピンツの原稿にはいくつかのまちがいが見つかり，彼の研究に基づいて提案された一連の上限値は撤回せざるをえなくなった。当時の猛烈な会話のスピードをうまく伝えるのは難しい。

数学者たちは興奮の渦に巻きこまれ，世界新記録を出そうと先を争うようにしてアイデアを発表した。Polymath はそれには打ってつけの場所だった。通常よりもずっと効率的な方法でアイデアを公表し，お互いの研究を確認しあうことができたからだ。

　しかし，Polymath の参加者たちはめげなかった。やはり，ピンツのアイデアはこのプロジェクトにとって有効だと判明したのだ。2013 年 6 月末になると，上限値はたったの 12,006 まで減少する。双子素数予想の目標値である 2 はまだはるか彼方だが，チャンの 70,000,000 という上限値がこれほどの短期間で大幅に改善したのは驚きだった。果たして Polymath はこの上限値をいっそう引き下げることができるのだろうか？

8
素数はいくつ存在するか？

　素数はいくつあるか？　これは愚問だ。第2章で見たとおり，素数は無数に存在するからだ。ユークリッドの証明も紹介したので，この定理にまちがいはない。しかし，ある数までに素数がいくつあるかと考えるのは，素数の分布を理解する有力な方法の1つだ。100までに素数はいくつあるか？　1,000までは？　1,000,000までは？　xまでは？　18世紀後半から19世紀の名数学者たちが続々とこの問題に挑んだ。一例を挙げるだけでも，アドリアン゠マリ・ルジャンドル(1752～1833)，カール・フリードリヒ・ガウス(1777～1855)，ペーター・グスタフ・ルジューヌ・ディリクレ(1805～1859)，パフヌティ・チェビシェフ(1821～1894)，ベルンハルト・リーマン(1826～1866)といった錚々たる顔ぶれが並ぶ。この問題に関する研究は今日もなお続いている。

　この問題について詳しく説明しようとすると丸々1冊かかってしまうので(実際，この問題について論じた名著は何冊かある)，詳細は省略するが，素数の間隔を理解する旅にとっては重要な話題なので，要点を簡単にまとめておこう。

　19世紀の数学の大勝利の1つは，ちょうど世紀末に訪れた。1896年，ベルギーの数学者シャルル・ド・ラ・ヴァレ・プーサン(1866～1962)とフランスの数学者ジャック・アダマール(1865～1963)がそれぞれ独立に素数定理を証明した。数学者が古くから知られている問題を証明することもあるのだ！　ここで，とりあえずその定

理を述べておこう(説明はあとで)。

定理(素数定理)　次が成り立つ。

$$\pi(x) \sim \frac{x}{\log x}$$

どういう意味だろう？　もう少しくだけた言い方をすると(話を進めるうえではそれで十分だ)，x が十分に大きければ(すなわち巨大ならば)，x 以下の素数の個数は私たちが簡単に計算できる x のある関数とおおむね等しくなる。その関数とは $\frac{x}{\log x}$ だ。図 8.1 は 100 までのそれぞれの値以下の素数の個数を示したグラフであり(これはなめらかな関数ではなく，素数に出くわすたびにグラフの値が一気に上昇している点に注目)，図 8.2 は 100,000 以下の x に対する関数値 $\frac{x}{\log x}$ をグラフ化したものだ。曲線の形状を感覚的につかんでもらうために掲載した。

この定理は $\log x$ の意味を知っていれば感動的だが，知らなければなんのことかよくわからないだろう。対数(log)というのは標準

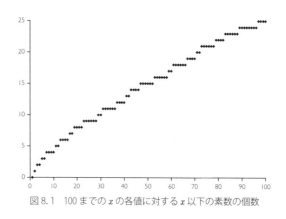

図 8.1　100 までの x の各値に対する x 以下の素数の個数

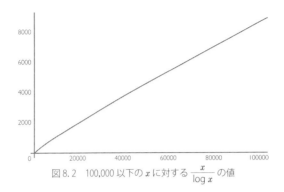

図 8.2　100,000 以下の x に対する $\dfrac{x}{\log x}$ の値

関数の一種で（電卓にもある），増加関数だ。つまり，x が大きくなると $\log x$ もかなりゆっくりとはいえ大きくなっていく。対数を知らなくても心配はいらない。ここでは細部を理解する必要はない。対数をすでにご存じの人のために言っておくと，ここでの $\log x$ は x の自然対数，つまり e を底とする対数のことだ。x の自然対数は $\ln x$ と表記される場合もあるが，数論の専門家はふつう $\log x$ と書くので，私もそれにならうことにする。

　x 以下の素数の個数を一般的に $\pi(x)$ と表記する。たとえば，100 以下の素数の個数は $\pi(100)=25$ だ。この π は円の面積の公式で出てくるおなじみの π とはなんの関係もない。昔の誰かがこの関数を表すのに便利な記号として π を用いたのが定着しただけだ。$f(x)$ や $p(x)$ などなんでもよかったのだが，現在では $\pi(x)$ という表記が使われている。

　興味をもった人のため，素数定理の内容についてもう少しきちんと説明しておこう。記号 〜 は 2 つの関数が漸近的に等しいことを指す。つまり，変数 x が非常に大きければ，左辺は右辺とおおむね等しくなり，しかも x が大きくなるにつれてどんどん近似の度合いが増していく。より厳密にいえば，左辺を右辺で割った値は x が無

限大に近づくにつれて1に近づいていくという意味だ。

　ちなみに，この式を用いてある小さな数までの素数の個数を推定してはならない。この式は巨大な x の値に対してのみ使える。小さな数までの素数の個数を知りたければ，手作業でしらみつぶしに数えるよりほかない。むしろ，コンピューターに数えてもらうほうが賢明だろう。

　ある数までの素数の個数を近似したこの式は，そのしばらく前から予想されており，多くの人々がその証明に向けて少しずつ前進を遂げていた。しかし，ふたりの人物(アダマールとド・ラ・ヴァレ・プーサン)が別々に同じような手法を用いて同じタイミングで同じ結果を証明したというのはどういうわけだろう？　実は，ふたりの証明につながる重要な道具はその前の数十年間で確立したもので，ふたりはその道具を巧みに利用して素数定理の証明を成し遂げたのだ。ふたりの議論はいずれも**複素解析**と呼ばれる数学分野のアイデアをもとにしている。大ざっぱに言うと，複素解析とは複素数を用いた微積分学だ。大ざっぱと言ったのは，複素解析の美しさを伝えきれていないからだ。複素解析の世界は，本来なら正しいはずがないのに，複素関数の微分や複素平面における対数の挙動の巧妙さのおかげで成り立つ驚きの定理で満ちあふれている。大学生のころ，複素解析を学ぼうとしていた私は，講座の概要で「非常に美しい学問」という説明を読んだのを覚えている。ところが，いざ講座を受けてみると，難解なだけで美しくもなんともなかったので，少しだまされた気分になった。でも，いろいろと知識を積んだ今になってみると，講座の概要にそう書かれていた理由がわかる。私は音楽に対してもよく同じようなことを感じる。初めて聴いたときはなんとも思わなくても，その曲を味わっているうちに深く理解した気分になり，どんどん好きになっていくのだ。

ええと，なんの話だっけ？ そうそう，複素解析だ。19世紀中盤になると，リーマンらは複素解析という新しい数学分野，特にリーマンのゼータ関数と呼ばれる関数が素数の理解を深めるにあたって不可欠であることを実証した。ここではリーマンのゼータ関数について説明するつもりはないので，ややこしい細部に立ち入る必要はない。アダマールとド・ラ・ヴァレ・プーサンは，リーマンのゼータ関数のある詳しい性質，特にゼータ関数の値が0になる点（というよりは0にならない点）についての性質を証明し，素数定理の証明に成功した。

数学の世界でもっとも有名な未解決問題の1つであるリーマン予想は，リーマンのゼータ関数の値が0になる点について非常に具体的な予測をする。リーマン予想を証明できれば，素数定理をずっと精密なバージョンへと更新することができる。つまり，特定の値までの素数の個数をいっそう正確に近似できるようになる。

素数定理の1つの帰結として，x近辺の2つの連続した素数の間隔は，平均的におおよそ $\log x$ であることがわかる。ここでは"平均的に"というのがきわめて重要な部分だ。すでに説明したとおり，2つの連続した素数は非常に密接しているケースもある。実際，本書はおおむねそういう現象に着目した本だ。逆に，連続した素数がかなり離れているケースもある。（ここでみなさんに問題を1つ。素数でない数が100個連続で続く区間が存在することを証明できるだろうか？もしそうだとすれば，100以上離れた隣りあう素数の組が存在することが証明される。この疑問を含め，遠く離れた素数に関する疑問については第16章で。）しかし，素数定理によれば，n番目の素数とその次の素数との間隔は，平均するとn番目の素数の対数とおおむね等しい。対数は増加関数なので，隣りあう素数の平均的な間隔は延々と増加していく。つまり，平均すれば素数はどんどんまばらになっていく

のだ。この事実は,巨大な数ほど素数になりにくいという私の直感と確かに一致する。

双子素数はいくつ存在するか？

素数は無数に存在することがわかっているので,「素数はいくつあるか？」というのは愚問だったが,「特定の数までに素数はいくつあるか？」と問うことでまともな疑問になった。予想では双子素数は無数に存在するとされている。では,特定の数までの双子素数の組の個数について何か言える(予測できる)ことはあるだろうか？

実は,特定の数までの双子素数の組の個数はかなり正確に予測することができる。ただし,それは経験的な予測にすぎない。素数をモデル化すれば双子素数の個数について予測を立てることができる。そうして得られた数値データはかなり予測精度が高いのだが,それが正しい推定であることは(今のところ)証明できない。

その方法とは,素数をランダムに分布するとみなしてモデル化するものだ。もちろん,素数はランダムに分布するわけではない。ある数が素数であるか否かはコイン投げで決まるわけではない。しかし,スウェーデンの数学者ハラルド・クラメール(1893〜1985)にちなんで**クラメールのモデル**と呼ばれているこのモデルは,素数の全体像を感覚的につかむのに役立つ。素数に対する彼の考え方を理解しておくのは面白いと思うので,ここで彼のモデルについて少し詳しく説明してみたいと思う。現段階では具体的な推論方法について考えたくないという方は,このセクションの最後にあるオチまで読み飛ばしていただいてもかまわない。

素数定理により,巨大な数 x の近辺の数が素数である確率はおよそ $\dfrac{1}{\log x}$ であるとわかる。よって,x 近辺の数 n が素数である確率はおよそ $\dfrac{1}{\log x}$,$n+2$ が素数である確率もおよそ $\dfrac{1}{\log x}$ となる。

これらの事象が独立しているとすれば，n と $n+2$ の組が双子素数になる確率はおよそ

$$\frac{1}{\log x} \times \frac{1}{\log x} = \frac{1}{(\log x)^2}$$

となるので，x 以下の双子素数の組の個数はおよそ $\frac{x}{(\log x)^2}$ 個となる。

残念ながら，この推論はでたらめだ！

問題は，まったく同じ議論で，x 以下の n と $n+1$ という素数の組の個数もおよそ $\frac{x}{(\log x)^2}$ と予測できてしまうという点だ。しかし，x 以下の n と $n+1$ という素数の組の個数は正確にわかっている。ずばり 1 個だ。2 と 3 の素数の組は条件を満たすが，それ以外の連続した数の組には必ず素数ではない偶数が含まれる。

したがって，先ほどの議論には欠陥がある。

問題は，先ほどから考えている 2 つの事象が独立していないという点だ。n が素数だとすれば $n+2$ はほぼ確実に奇数なので，$n+2$ が素数である確率に大きな影響を及ぼす。

ある数が奇数である確率は $\frac{1}{2}$ なので，任意に選んだ 2 つの数が両方とも奇数である確率は $\frac{1}{2} \times \frac{1}{2} = \frac{1}{4}$ となる。

ところが，n と $n+2$ を選んだ場合，両方が奇数である確率は $\frac{1}{2}$ だ(n さえ奇数であれば $n+2$ も必ず奇数になるので)。

よって，先ほど推定した確率に補正係数

$$\frac{\frac{1}{2}}{\frac{1}{4}} = 2$$

を掛ける必要がある。

しかし，本書でさいさん登場するとおり，偶数と奇数について考

えるだけでは不十分だ。ほかの数で割り切れるかどうかも考えなければならない。たとえば、n が 3 の倍数 + 1 の場合、$n+2$ は 3 の倍数になるので絶対に素数ではない。

先ほどと同じ議論を用いるが、今回の目的は奇数（2 で割り切れない数）ではなく 3 で割り切れない数を見つけることだ。ある数が 3 で割り切れる確率は $\frac{1}{3}$ なので、ある数が 3 で割り切れない確率は $1 - \frac{1}{3}$ となる。

ある数が 3 で割り切れない確率は $1 - \frac{1}{3}$ なので、任意に選んだ 2 つの数が両方とも 3 で割り切れない確率は $\left(1 - \frac{1}{3}\right)^2$ となる。

しかし、私たちが選ぼうとしているのは n と $n+2$ という 2 つ離れた数だ。両方とも 3 で割り切れないためには、n と $n+2$ がともに 3 で割り切れないような n を選ぶ必要がある。n と $n+2$ が両方とも 3 で割り切れない確率は $1 - \frac{2}{3}$ だ。

なので、今回は先ほど推定した確率に

$$\frac{1 - \frac{2}{3}}{(1 - \frac{1}{3})^2} = \frac{\frac{1}{3}}{\frac{4}{9}} = \frac{3}{4}$$

を掛けて補正を行う必要がある。

この議論を広げれば、任意の小さな素数 $p\,(>2)$ で割り切れるかどうかについて考えることができる。任意に選んだ 2 つの数が両方とも p で割り切れない確率は $\left(1 - \frac{1}{p}\right)^2$ だが、2 つの数は差が 2 なので、両方とも p で割り切れない確率は $1 - \frac{2}{p}$ だ。よって、奇素数 p に対しては係数

$$\frac{1 - \frac{2}{p}}{(1 - \frac{1}{p})^2} = \frac{\frac{p-2}{p}}{\frac{(p-1)^2}{p^2}} = \frac{p(p-2)}{(p-1)^2}$$

を掛け、素数 2 に対しては係数 2 を掛けて補正を行う必要がある。

したがって，x 以下の双子素数の組の個数は，先ほど予測した $\dfrac{x}{(\log x)^2}$（n と $n+2$ が互いに独立してふるまうと仮定した場合）に各素数の補正係数を掛けたものになる。すると，x 以下の双子素数の組の個数はおよそ

$$C\dfrac{x}{(\log x)^2}$$

となる。ここで，C はいわゆる**双子素数定数**

$$C = 2 \prod_{\substack{p:\text{素数} \\ p \geq 3}} \dfrac{p(p-2)}{(p-1)^2}$$

である。右辺の $\prod$ 記号は積をとることを指す。$p \geq 3$ を満たす各素数について，$\prod$ の右側にある項を掛け算するという意味だ。これは先ほど述べた考えを簡略的に表記したものにすぎない。この右辺の C の値を言葉で説明するとしたら，「3 以上のすべての素数 p に対し，p 掛ける（p マイナス 2）割る（p マイナス 1）の 2 乗の積をとり，その結果を 2 倍したもの」という具合になるだろう。この積には各奇素数につき 1 つ，全体では無数の項が含まれるが，巨大な素数はほとんど積に寄与しないので，積は収束する。（収束について詳しくは第 10 章の和の話のところで説明する。今回の積に関しては，収束の話は気にしなくていい。今までどおり，安心して眠りについてほしい。）

コンピューターで計算をしてみると，双子素数定数 C はおよそ 1.320… であることがわかる。実際に双子素数の組の個数についてデータを集め，この予測と比べると，この予測はきわめていい線を突いているとわかる。

同じ予測を導き出す方法はもう 1 つある。同じ結論にたどり着く道が何本もあるというのは常に心強いサインだ。そのもう 1 つの方法とはハーディ = リトルウッドの円周法を用いるもので，第 14 章

で詳しく説明したいと思う。原理的には，その議論は予測だけでなく証明そのものを与える可能性もあるのだが，双子素数の個数の問題については，この手法を用いて十分に高精度な推定を得ることができない。そのため，今のところ予測の域にとどまっている。

　しかし，これは双子素数予想を裏づけるかなり有力な証拠といえる（決して証明そのものではないが！）。なぜなら，この予測から推定される x 以下の双子素数の組の個数はおよそ $C\dfrac{x}{(\log x)^2}$ 個だが，この値は x が増加するにしたがって急速に増加し，無限大に発散するからだ。一刻も早い証明が待ち望まれるところだ！ さて，再び双子素数予想の証明に向けた歩みへと話を戻そう。

9

2013年7月
「2」はまだ遠く

　素数の間隔に関する研究がたいへん魅力的なのは、きわめて進捗が追いやすいという点だ。数学の場合、目に見える進展のサインは研究の終了後に発表される論文だけであることが多い。これは数学という学問のまぎれもない性質だ。ある定理を証明するために2年間がんばったとしても、証明を発見できなければ、発表できるものは何もない。自分自身の進捗を実感することさえ難しいかもしれない。その点、Polymathの研究はすべてがオープンな形で行われるので、何が起きているのかがわかる。それでも、答えにどこまで迫っているのかを理解するのは難しいことが多い（当事者以外にとってはまちがいなくそうだが、時には当事者自身にとってもそうだ）。しかし、素数の間隔に関するPolymathプロジェクトの場合、進捗を測るのは簡単だ。プロジェクトは70,000,000（チャン・イータンが得た上限値）から始まり、2を最終目標として進められた。そして2013年6月末の時点で、上限値は12,006まで減少していた。

　Polymathで特に成功するプロジェクトには必ずといっていいほどコンピューターを用いた計算的要素が含まれており、さまざまな専門知識をもつ人々が参加できるようになっている。長大な計算を短時間で実行できる効率的なコードを書く能力はとても重宝される。そのため、たとえ本題に精通していなくても、そうしたスキルをもつ多くの参加者が喜んで手を貸している。

　前にも話したとおり、当初の進展は、十分な数の穴をもつ幅の狭

い許容可能なパンチカードを見つけることによって生まれた。この段階になると，Polymathの参加者たちは穴の数を減らすという問題に本腰を入れはじめた。誰かがオンラインのリーグ表に掲載された穴の数k_0を減らすことに成功するたび，別の誰かがコンピューターを使って新しい数の穴をもつ最小の許容集合を求め，素数の間隔に関する世界記録を更新していった。

2013年7月末になると，k_0の許容値はチャンの当初の3,500,000からわずか632にまで減少する。その結果，得られた許容集合は非常に幅の狭いものとなり，差が4,680以下の素数の組は無数に存在することが証明された。この結果はわずか2カ月にしては大きな前進であり，人々の頭脳を非常に効果的な共同研究という形で活かすPolymathのパワーをまぎれもなく物語っている。

偶奇性問題

ここで1つ打ち明けなければならないことがある。チャン・イータンの研究を改良するだけでは，上限値は2（双子素数予想）まで到達する見込みはなかった。

問題で行き詰まったとき，つまりなんらかの手法や戦略が思い浮かんでいるのにうまくいかないときには，その手法や戦略がうまくいかない理由についてじっくりと考えるのが効果的だ。なぜか？ある戦略の成果だけでなく限界も理解し，その戦略で解ける問題と解けない問題について明確なイメージを描けば，その戦略をより深く理解できるようになるからだ。

チャンの研究は基本的に，**篩法**と呼ばれる一連の考え方に基づいている。彼が土台にしたゴールドストン，ピンツ，イルディリムの研究も篩法を用いており，今や篩法は事実上，この分野の問題に取り組む際の標準的な手法となっている。（ただし，「あ，そうだ，篩法

を使おう」と思うのは簡単でも，適切な篩を選んで有効に活かすためには，深い理解，洞察力，創造力，高い技術が必要なのは言うまでもない。）篩法の草分けのひとりが，ノルウェーの数学者アトル・セルバーグ（1917〜2007）だ。彼は1940年代に，篩の考え方を用いる斬新で非常に効果的な方法を発見した。

　篩法は，前章で紹介した素数定理（ある値までの素数の個数について近似的な公式を与える定理）と関連がある。アダマールとド・ラ・ヴァレ・プーサンによる1896年の素数定理の証明は複素解析を用いたもので，やや不満が残った。本当に素数を数えるのに微積分や複素数の道具が必要なのか？　そこで，世の数学者たちは素数定理のいわゆる"初等的"な証明を探しはじめた。数学用語でいう"初等的"とは複素解析を用いないという意味であって，シャーロック・ホームズが言ったとか言わないとかいわれる「初歩だよ，ワトソン君」のような意味合いとはちがう。

　正直にいうと，個人的にはこの問題の幕切れはなんとも期待はずれに感じる。もちろん，それは答えを発見した人々の責任ではないが。1948年，セルバーグは篩法を用いて，素数の分布に関するある漸近公式を証明する。そしてその数カ月後，セルバーグとエルデシュは素数定理の初等的な証明を発見した。ところが，それが優先権をめぐる論争へと発展した。お互いがお互いのアイデアに頼っていたが，ふたりは論文の発表方法（共著論文にするか個別に発表するか）をめぐって衝突した。エルデシュは多作な共同研究者タイプ，一方のセルバーグは孤高の研究者タイプだったというのも衝突の一因かもしれない。

　というわけで，素数定理には"初等的"な証明が存在する。その証明はまちがいなく興味深いし，ほかの問題に応用できるアイデアがいくつも使われているが，理解するのはかなり難しい。そのため，

大学の講師は大学生(ふつうは学位の取得間際の学生)に素数定理を教えるとき，複素解析やリーマンのゼータ関数を使ったアプローチを用いることが多い。

それでも，セルバーグの研究は数論にとてつもない影響を及ぼし，篩法は今や解析的整数論の専門家たちの重要な道具の1つとなっている。続けて，セルバーグは**偶奇性問題**と呼ばれる自身の手法の限界を発見した。

ある整数の**偶奇性**(または**パリティ**)とは，単純にその整数が奇数か偶数かのことだ。たとえば，2つの数の偶奇性が等しいといえば，両方とも奇数または両方とも偶数という意味で，そういう2つの数について論じるとたいへん便利なことがある。

セルバーグが考察した偶奇性とは，ある数の素因数の個数の偶奇性だった。たとえば，素数は必ず素因数が1つなので，素因数は奇数個になる。一方，15のような数は2つの素数の積なので，素因数は偶数個になる。セルバーグが発見したのは，彼の用いている篩法では奇数個の素因数をもつ数と偶数個の素因数をもつ数をうまく区別できないという事実だった。これが「偶奇性問題」と呼ばれている問題だ。一定間隔以下の素数の組が無数に存在することを証明しようとすると，既存の篩法の手法だけでは6までが限界のようだ。差が6以下の素数の組が無数に存在することはなんとか証明できるかもしれないが(それ自体もかなり楽観的な見立てだが)，双子素数予想を完全に証明するためにはなんらかの新しいアイデアが必要になるだろう。

それでも，2013年7月末の時点では，過去の研究に基づいて，差が4,680以下の素数の組は無数に存在することが証明されていた。果たしてこの数値はどこまで引き下げられるのだろうか？

10
私の鉛筆にひそむ数学性

ふとした場所に,うっとりするような奥深い数学が潜んでいることもある。

数年前,ある人からとても面白い鉛筆をもらった。ただ,その人はその鉛筆の数学的な意味についてまでは説明してくれなかった。

その鉛筆は断面が六角形をしている。図 10.1 に描いたように,鉛筆には 6 つの面があって,それぞれの面に数値が書かれている。

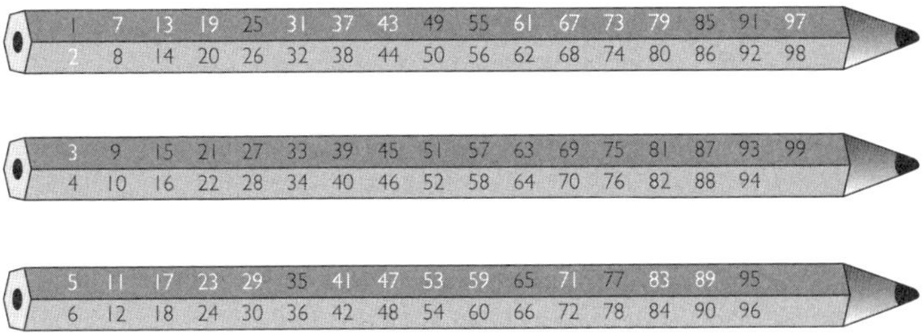

図 10.1　私の数学鉛筆

鉛筆を少し眺めると,鉛筆をぐるりと回るように 1, 2, 3, . . . と数値が振られていて,2 周目からまた 7, 8, . . . と数字が続いていくことに気づいた。白い数字と黒い数字の 2 種類があって,よくよく見てみると白い数字はすっかりおなじみの素数であることがわかった。鉛筆の絵のままではわかりづらいと思うので,鉛筆に書かれている順序どおりに数値を書き出してみた(図 10.2)。

この図は第 2 章で見た表を思い起こさせる。ただし,第 2 章の表

1	7	13	19	25	31	37	43	49	55	61	67	73	79	85	91
2	8	14	20	26	32	38	44	50	56	62	68	74	80	86	92
3	9	15	21	27	33	39	45	51	57	63	69	75	81	87	93
4	10	16	22	28	34	40	46	52	58	64	70	76	82	88	94
5	11	17	23	29	35	41	47	53	59	65	71	77	83	89	95
6	12	18	24	30	36	42	48	54	60	66	72	78	84	90	96

図 10.2　私の数学鉛筆に書かれている数字

はおなじみの 10 列構成だったが，この表は行が 6 つしかない．毎度のことだが，数学者の私にとって興味があるのは数学鉛筆に書かれている情報そのものではなく，むしろその情報が素数の分布全体について物語っている内容だ．この鉛筆がずっと長かったら，いったい何が見えてくるだろうか？

すぐに気づくパターンがいくつかある．便宜上，先ほどの表の行（つまり鉛筆の面）をその最小の数で呼ぶことにしよう．すると，鉛筆の 4 と 6 の面にはまったく素数が現れないというパターンに気づく．このパターンは鉛筆をもっと長くしても続くだろうか？

答えはイエスだ．鉛筆の 4 と 6 の面にある数はすべて偶数だからだ．第 2 章で説明したとおり，偶数の素数は 2 だけだ．よって，どこまで鉛筆を伸ばしても，4 と 6 の面には絶対に素数が現れないと言い切れる．さらに，2 はかなり孤独な素数だということもわかる．2 はこの鉛筆の 2 の面に現れる唯一の素数だ．

同じようにして，3 の面にポツンとたたずんでいる素数 3 についても推測してみよう．鉛筆を伸ばしていくと，3 の面にほかの素数は現れるか？

よくよく見てみると，3 の面に登場する数はすべて 3 の倍数だとわかる．いちばん下の 6 の行は 3 の倍数かつ偶数（つまり 6 の倍数）で構成されていて，3 の行は 3 の倍数かつ奇数で構成されている．

続きはもうおわかりだろう．3 の倍数で素数なのは 3 のみだ．な

ので，どこまで鉛筆を伸ばしていっても，鉛筆の3の面には3以外の素数は現れない。

こうして，驚くべき結論を導き出すことができる。この鉛筆は，先ほどの議論に従えば，2と3を除くすべての素数は6の倍数＋1または6の倍数−1の形をしているという事実を物語っている。とても美しくはないだろうか？　もういちど言おう。この短い鉛筆の上にある素数だけでなく全世界の素数は，2と3を除けばすべて6の倍数±1の形をしているのだ。

これはとても面白い事実であり，ちょっと考えればこの事実を確かめるのはそう難しくない(実際，私たちもすでにこの事実を検証した)。だが，この事実は素数の分布についてある洞察を与えてくれる。何より，もし深く考えなければ，素数は鉛筆の上に均等に散らばっていると予想していただろう。しかし実際には，2と3を除いて，素数はたった2つの面だけに固まっていることがわかる。そして，この事実には面白い影響がある。

第6章で，私は三つ子素数についての問題を出した。おさらいしよう。本書でいう**三つ子素数**とは，素数3, 5, 7のように，2ずつ間隔の離れた素数の3つ組のことだ。さて，三つ子素数はこれ以外にも存在するか？　同じ章のその後の議論で，3つの素数の1つ目の要素を3で割った場合の余りを全通り調べることで，3, 5, 7が唯一の三つ子素数であることを確かめた。数学鉛筆のおかげで，3, 5, 7が唯一の三つ子素数であることを別の方法で確かめられる。すでに説明したとおり，2と3を除くすべての素数は6の倍数±1である。このことからただちに，三つ子素数には必ず3が含まれていなければならないとわかる。よって，三つ子素数はおなじみの3, 5, 7だけだとわかる。

数学鉛筆の意味をようやく理解した私は，鉛筆を筆箱にしまって

さっさと別の話題に移ることもできただろう。しかし，数学では毎度のことながら，ある疑問に答えるといくつかの別の疑問が浮かんでくる。疑問に答えることを重視する学校では忘れられがちだが，適切な疑問を掲げることは数学のとても重要な部分だ。数学鉛筆から発想を得て，どのような疑問を掲げられるだろうか？ 私が思いついた疑問は次のとおりだ。みなさん自身もここにない疑問を思いついたかもしれない。

- 第2章で学んだとおり，素数は無数に存在する。そして，すべての素数は6の倍数＋1または6の倍数－1の2種類のタイプに分けられる。両方のタイプの素数が無数に存在するのか？ それとも一方のタイプの素数だけが無数に存在し，もう一方のタイプの素数は有限個しか存在しないのか？（両方とも有限個であることはありえない。だとすると素数自体が有限個になってしまう。）
- 6の倍数＋1の素数と6の倍数－1の素数では，どちらのタイプの素数が優勢か？ もう少し詳しくいうと，100万や10億までの素数のうち，6の倍数＋1の素数と6の倍数－1の素数ではどちらのほうが多いのか？ それとも均等に出現するのか？
- もし先ほどの数学鉛筆が7面だったら？ 10面や99面だったら？ 6面の鉛筆と似たようなパターンが見られるだろうか？
- 6面の鉛筆の場合，素数がまったくない面(4と6の面)，素数が1つしかない面(2と3の面)，素数がたくさん(無数に？)存在する面(1と5の面)があった。鉛筆の面の数をうまく選んで，ある面に素数がちょうど2つだけあるようにすることはできるか？ 素数が1つもない面，1つだけある面，2つある面，無数に存在する面を予測する手軽な方法はあるか？

どの疑問もかなり興味深い数学へとつながることがわかる。それでは，1つずつ疑問に答えていこう。

6の倍数−1の素数と6の倍数+1の素数は無数に存在するか？

朗報がある。本書ですでに論じた考え方を使えば，1つ目の疑問で大きく前進できる。結論を先にいえば，6の倍数−1の素数は無数に存在する。この結論は，素数が無数に存在するというユークリッドの証明（第2章で紹介）を少し修正するだけで証明できる。ユークリッドの証明方法を覚えているだろうか？ まず，素数が有限個しか存在しないと仮定し，この世に存在する素数をすべて掛けあわせて1を足すことで，素因数をもつはずなのにどの素数でも割り切れない数をつくり，矛盾を導いたのだった。今回も似たような方法が使える。ただし，6の倍数−1の形の素数のみに着目することにする。まず，6の倍数−1の形の素数が有限個しか存在しないと仮定する。そのすべてを掛けあわせ，その結果に6を掛け，そこから1を引く。こうして得られた数は6の倍数−1の形の素因数をもつはずだが，掛けあわせたどの素数でも割り切れない。よって矛盾に到達する。細かい部分はみなさん自身で考えてみてほしい。

一方，悪いニュースもある（見方によっては先ほどよりも面白いニュースだが）。同じ議論を，6の倍数+1の素数が無数に存在することの証明にそのまま使うことはできないのだ。これが悪いニュースでなくてなんだろう？ この事実は，6の倍数+1と6の倍数−1という数がもつ厄介なちがいを示している。つまり，ここにはきちんとひもといて理解しなければならない数学的性質が潜んでいるわけだ。数学者の私にとってはまちがいなくうれしいニュースだ。ある議論が成り立たない理由を理解することは，時として特定の数学的概念

を理解する最良の方法になるからだ。

　幸い，その理由をひもとくのはさほど難しくない。「6の倍数−1」のケースでユークリッド風の議論が成立するキーポイントは，6の倍数−1という形の数はすべてこの形の素数で割り切れるという点だ。なぜなら，そのほかの形の素数(2, 3，または6の倍数+1の素数)だけを掛けあわせても，決して6の倍数−1にはならないからだ。しかし，6の倍数+1という形の数が6の倍数+1という形の素因数をもたないことはありうるので，議論は破綻してしまう。たとえば，55は6の倍数+1の数だが，55＝5×11なので，素因数は両方とも6の倍数−1の形をしている。

　では，6の倍数+1の素数は無数に存在するという命題は正しいのか？　私たちの最初の証明手法は失敗したが，だからといって命題がまちがっていることにはならない。実際にはこの命題は正しい。しかし，証明するにはユークリッドの議論を少し修正するだけでは不十分だ。もう少し詳しい数論の知識が必要になる。証明はみなさんの手に委ねよう(かなりの難問だが)。

面の数が異なる鉛筆

　面の数が異なる鉛筆ではどうなるだろう？　6面の鉛筆の場合，2, 3, 4, 6の面にはそれぞれ素数が1つ以下しかなかった。この結論を一般化するには？　2, 3, 4, 6という数と6面の鉛筆との関係で重要なのは，これらの数と6(面の個数)とのあいだに2以上の公約数があるという点だ。その公約数はその面にあるすべての数を割り切るので，その面にある数が素数になるのは特殊なケースだけだ(その数が公約数と等しく，なおかつたまたま素数である場合のみ)。これを一般化すると，面の先頭の数と面の個数とのあいだに2以上の公約数があるなら，その面にある素数は1つ以下ということになる。た

とえば，15面の鉛筆の場合，3と5の面には素数が1つだけあり，6, 9, 10, 12, 15の面には素数が1つもない。

よって，2つ以上の素数が見つかる可能性が残されているのは，面の先頭の数と面の個数とのあいだに2以上の公約数が存在しないような面だけである。このとき，面の先頭の数と面の個数は**互いに素**であると表現する。15面の鉛筆の場合，残っているのは1, 2, 4, 7, 8, 11, 13, 14の面だけだ。これらの数はみな15と互いに素だからだ。

しかし，これらの面には素数が無数に存在するのか，それともしないのか？ 6面の鉛筆の場合，先ほどの条件を満たす面(1と5の面)には無数の素数が存在するが，その証明は少し厄介だった(しかも一方の証明は省略した)。実は，より一般的な結果が成り立つことがわかっている。ただし，その証明となるとはるかに難しい。大ざっぱにいえば，1837年のディリクレの定理によると，鉛筆のある面に素数が無数に存在しなくなるような"明白"な理由がなければ，その面には無数の素数が存在する。ここでいう"明白な理由"というのは，先ほど見たとおり，面の先頭の数と鉛筆の面の個数とのあいだに2以上の公約数が存在するという条件だ。この条件を満たさなければ，その面には無数の素数が存在するとディリクレの定理は述べている。これは仰天の事実だ。私たちは先ほど，素数が無数に存在しなくなるような明白な理由について考えた結果，2以上の公約数が存在するケースを真っ先に除外した。ディリクレの定理は，これが無数の素数を存在させなくする唯一の要因だと教えてくれる。つまり，私たちがまだ考えていないもっと複雑な要因のせいで，素数が無数に存在しなくなったりはしないわけだ。この事実は非常に驚きであると同時に，たいへん美しくもある。

より正式な用語を使えば，先ほどの定理はこう表現できるだろう。

定理(ディリクレ)　a と d が互いに素(最大公約数が1)なら，$a+kd$ が素数となるような正の整数 k は無数に存在する。

　15面の鉛筆の話に戻ると，この定理から1, 2, 4, 7, 8, 11, 13, 14 の面にはいずれも素数が無数に存在することがわかる。びっくりだ！
　すでに見たとおり，この定理の特殊なケースを1つずつ証明することはできる。しかし，定理を完全に証明するにはより高度な作業が必要なので，ここでは詳しく述べない。本書で紹介しようと思っているよりも多くの数学的技術が必要になるからだ。それでも，用いられる議論の雰囲気だけなら伝えられると思う。
　まず，素数の集合ではなく素数の話に戻ろう。素数が無数に存在するというユークリッドの証明についてはすでに説明した(無数に存在しないと仮定し，すべての素数を掛けあわせて1を足し，矛盾を導く)。先ほど説明したとおり，この考え方をディリクレの定理の個々のケースに適用することはできるが，そのたびに修正が必要になる。なので，一般的な結論を証明するには何か新しいアイデアが必要だ。そこで，「素数が無数に存在する」という命題の別の証明方法についてざっと説明する。こちらのほうがディリクレの定理に合わせて改良するのに都合がいいからだ。この議論は18世紀のスイスの数学者オイラーによるものだ。オイラーはゴールドバッハから彼の有名な予想が書かれた手紙を受け取った人物として本書ではすでに登場ずみだが，オイラーが手紙を受け取った人物としてだけ書物に登場することはまずない。彼は史上もっとも多才な数学者のひとりだからだ！
　オイラーのアイデアとはこうだ。この世のすべての素数に対し，その逆数(1を各々の数で割った値)をとり，そのすべてを足しあわせる。つまり，$\frac{1}{2}, \frac{1}{3}, \frac{1}{5}, \frac{1}{7}, \frac{1}{11}, \ldots$ を足しあわせるのだ。この和の

ことを,

$$\frac{1}{2} + \frac{1}{3} + \frac{1}{5} + \frac{1}{7} + \frac{1}{11} + \ldots = \sum_{p:\text{素数}} \frac{1}{p}$$

と書く。右辺の表記になじみがなくてもご心配なく。等号の左側の和を簡略的に表現したものにすぎない。右辺を文章で表現すれば「すべての素数 p に対して p 分の 1 の和をとる」となる。

この和について何が言えるだろう?

イメージをつかむため,別の似たような和について考えてみよう。自然数の逆数の和(つまりすべての正の整数をとり,1 をその数で割った結果をすべて足しあわせた値)は**調和級数**と呼ばれる。

$$\frac{1}{1} + \frac{1}{2} + \frac{1}{3} + \frac{1}{4} + \frac{1}{5} + \ldots = \sum_{n=1}^{\infty} \frac{1}{n}$$

有名な事実だが,この和は**発散**する。自然数の逆数を無数に足しあわせると,有限の値にはならない。別の言い方をすれば,いかなる数が与えられても,先ほどの級数の先頭からあるところまで項を足しあわせていけば,その和がいつかはもともと与えられた数よりも大きくなる。この事実は,項を束ねることでじかに確かめられる。

$$\underbrace{\frac{1}{1}}_{} + \underbrace{\frac{1}{2}}_{} + \underbrace{\frac{1}{3} + \frac{1}{4}}_{} + \underbrace{\frac{1}{5} + \frac{1}{6} + \frac{1}{7} + \frac{1}{8}}_{} + \underbrace{\frac{1}{9} + \frac{1}{10} + \ldots + \frac{1}{16}}_{} + \ldots$$

束ねた分数の和はいずれも $\frac{1}{2}$ 以上になる。この点はただちにわかるので,分数の足し算という厄介な作業を行う必要はない。たとえば,

$$\frac{1}{3} + \frac{1}{4} \geqq \frac{1}{4} + \frac{1}{4} = 2 \times \frac{1}{4} = \frac{1}{2}$$

第 10 章 私の鉛筆にひそむ数学性

や

$$\frac{1}{5} + \frac{1}{6} + \frac{1}{7} + \frac{1}{8} \geqq \frac{1}{8} + \frac{1}{8} + \frac{1}{8} + \frac{1}{8} = 4 \times \frac{1}{8} = \frac{1}{2}$$

などが成り立つ。

　よって，この級数の項を十分に多く足しあわせれば，その和をどんな数よりも大きくできる。したがって，級数は発散する。

　この議論は，極限，無限和，微積分といった概念について厳密に学ぶ**解析学**と呼ばれる数学分野ではまちがいなく定番となっている。解析学の特色は，なんといっても不等号だ。先ほどの和が発散するという証明のなかでも不等号を用いた。こんどは，ある和が収束することを証明するために，再び不等号を用いることにする。

　先ほどの級数との比較のため，似たような和について考えてみよう。ただし，今回は分母がすべて平方数になっている。

$$\frac{1}{1} + \frac{1}{4} + \frac{1}{9} + \frac{1}{16} + \frac{1}{25} + \ldots = \sum_{n=1}^{\infty} \frac{1}{n^2}$$

　不思議なことに，この和は**収束**する。無数の数を足しあわせているのに，各々の数が小さすぎるので(そして先に進むにつれて急速に小さくなっていくので)，和が有限の値になるのだ。面白いことに，この和は $\frac{\pi^2}{6}$ に等しいことがわかっているが，話が脱線するのでここでは詳しく述べない。本書にとって重要なのは，この和が収束するという事実だけだ。この和の値を直接計算するのは少し厄介だが，収束するという事実だけなら，もう少し扱いやすい別の和と比較することで証明できる。

　その方法として，次の和を調べてみよう。

$$1 + \frac{1}{2} + \frac{1}{6} + \frac{1}{12} + \frac{1}{20} + \ldots = 1 + \sum_{n=2}^{\infty} \frac{1}{n(n-1)}$$

この和には2ついいことがある。1つは、すぐあとで証明するとおり、和が収束するという点(実際にその値も計算できる)。もう1つは、1つ前で示した級数の和よりも大きいという点だ。

なぜ大きいといえるのか？ 後者の級数の各項の値は、必ず前者の級数の同じ位置の項以上になる。実際に最初の数項を調べてみよう。

$$1 \geqq 1,$$
$$\frac{1}{2 \times 1} \geqq \frac{1}{2 \times 2},$$
$$\frac{1}{3 \times 2} \geqq \frac{1}{3 \times 3},$$
$$\frac{1}{4 \times 3} \geqq \frac{1}{4 \times 4},$$
$$\frac{1}{5 \times 4} \geqq \frac{1}{5 \times 5}$$

一般化すると、これを代数的に表現できる。つまり、すべてのn($\geqq 2$)について$\frac{1}{n(n-1)} \geqq \frac{1}{n^2}$が成り立つ。したがって、後者の級数の和が収束するなら、前者の級数の和も収束しないとおかしい。

では、なぜ後者の和は収束するのか？ 後者の級数の各項(1以外)は2つの分数の差として書き直せる。たとえば、

$$\frac{1}{2} = 1 - \frac{1}{2},$$
$$\frac{1}{6} = \frac{1}{2} - \frac{1}{3},$$

第10章 私の鉛筆にひそむ数学性

$$\frac{1}{12} = \frac{1}{3} - \frac{1}{4},$$
$$\frac{1}{20} = \frac{1}{4} - \frac{1}{5}$$

といった具合だ。代数を用いて一般化すると，

$$\frac{1}{n(n-1)} = \frac{1}{n-1} - \frac{1}{n}$$

が成り立つ。

　すると，とても美しい現象が起こる。これらの和をとると，ほとんどの項が相殺されるのだ。後者の級数の和は

$$1 + \sum_{n=2}^{\infty} \frac{1}{n(n-1)} = 1 + \frac{1}{2} + \frac{1}{6} + \frac{1}{12} + \frac{1}{20} + \dots$$

$$= 1 + \left(1 - \frac{1}{2}\right) + \left(\frac{1}{2} - \frac{1}{3}\right) + \left(\frac{1}{3} - \frac{1}{4}\right) + \left(\frac{1}{4} - \dots\right.$$

と書き直せるが，$-\frac{1}{2} + \frac{1}{2}$, $-\frac{1}{3} + \frac{1}{3}$, $-\frac{1}{4} + \frac{1}{4}$ 等々はいずれも0になるので，和にはいっさい影響を及ぼさない。したがって，和は単純に $1+1=2$ となる。（このような和は，項どうしが打ち消しあって見事に折り畳まれていく様子から，**畳みこみ和**と呼ばれることもある。）本書にとって重要なのは，この和が有限の値になる，つまり収束するという点だ。よって，平方数の逆数の和も収束する（しかも2よりも小さな値に）。

　この例を見たところで，素数の逆数の和がどうふるまうかという最初の疑問に戻ろう。素数の逆数の和は調和級数のように発散するのか？　それとも平方数の逆数の和のように収束するのか？

　オイラーは素数の逆数の和が発散することを証明した。どう証明するかというと，級数の先頭から任意の部分までの和が適当な関数

よりも急速に増加することを示し，和が発散するようにしてやればいい。具体的にいうと，

$$\sum_{p \leq x} \frac{1}{p} \geqq \log \log x$$

が成り立つことを証明し，そこから素数の逆数和が発散することを導き出せる。（関数 $\log \log x$ は x の増加関数であり，x が増加するにつれて，非̇常̇に̇ゆっくりとはいえどこまでも増加していく。）

　特に，素数の逆数和が発散するという事実から，素数が無数に存在するという弱い（とはいえ正しい）結論が導き出される。素数が有限個しか存在しなければ，素数の逆数和も有限個の数の和になるので，必然的に収束しないとおかしい（有限個の数の和は必ず有限の値になる）。これを弱い結論と呼んでいるのは，これよりもずっと強力な結果が証明されたからであって，議論が根拠薄弱だという意味ではないので誤解しないでほしい。しかし，素数の逆数和が発散するという事実から，素数の個数の研究や素数定理などとも関連のある，素数の分布に関するたいへん貴重な情報が浮かび上がってくる。

　逆数の和を考えるというオイラーの議論は，一定の性質をもつ素数が無数に存在することの証明へとかなりスムーズに拡張できることがわかる。特に，d 面の鉛筆の a 行（a と d は 2 以上の公約数をもたないとする）に素数が無数に存在することを証明したければ，その行のすべての素数の逆数をとり，それをすべて足しあわせてできる級数を考えればよい。そのような級数はいずれも発散するので，鉛筆のその面には素数が無数に存在しなければならないとわかる。厄介なのは，各々の和が発散することを証明するという部分だ。なのでここでは省略する。

6の倍数＋1の素数と6の倍数－1の素数では どちらが多い？

これまでの議論により，鉛筆を見て浮かんだ疑問はおおよそ解決した。ただし，1つだけ未解決の疑問がある。6の倍数＋1の素数と6の倍数－1の素数では，どちらのほうが多いのか？

直感では，素数が一方のタイプに偏るとは考えられない。なので，両タイプの素数は同じ個数ずつあるというのが私の直感的な答えだ（もちろん$\overset{\cdot\cdot\cdot\cdot}{だいたい}$同じという意味だ。各タイプの素数の個数がまったく同じになると考えるのはあまり現実的ではなさそうだ）。コンピューターによる証拠を見てみると，現代のコンピューターで直接チェックできる値の範囲ではかなり均等に分布しているようだ。この傾向はいつまでも続くのだろうか？

x 以下の素数の個数はすでにわかっている。以前に $\pi(x)$ と表記した量だ。なので，x までに6の倍数＋1の素数と6の倍数－1の素数がおおよそ $\dfrac{\pi(x)}{2}$ 個ずつ現れると推測できる。（もちろん，素数2と素数3はどちらの形でもないが，私が興味をもっているのは巨大な x についてのみだ。当然，$\pi(x)$ もかなり巨大になるので，2つの素数を無視しても大差ない。）

エリオット＝ハルバースタム予想はこの予測のより精密な（そして専門的な）バージョンであり，6面の鉛筆だけでなくさまざまな個数の面をもつ鉛筆について平均化した予想だ。（かなり専門的になるので，ここではエリオット＝ハルバースタム予想を厳密に述べることは控える。）数学者たちは，両者の個数がおおむね均等になるという方向性を示す結果をいくつか証明している。たとえば，1960年代のボンビエリ＝ヴィノグラードフの定理（エンリコ・ボンビエリとイヴァン・ヴィノグラードフにちなむ）は貴重な情報を与えてくれる。実際に

は現時点で証明できている以上の事柄が成り立つと考えられており，1960年代末にピーター・エリオットとハイニ・ハルバースタムが打ち立てた予想の内容がまさしくそうだ。

エリオット＝ハルバースタム予想は，一般的に θ と表記されるパラメーターを伴う。したがって，この予想は実際には0から1までの θ の各値に対する一連の予想ということになる。ボンビエリ＝ヴィノグラードフの定理は $\frac{1}{2}$ より小さいすべての θ の値についてこの予想が成り立つというものだが，$\frac{1}{2}$ より大きい θ の値については，この予想は今のところ証明できていない。実際，ある鉛筆の特定の面に現れる素数の個数を比較するのは，思いのほか厄介であることがわかっており，数学者たちはこのいわゆる**素数競争**について完全に理解するべく研究を続けているところだ。

私がここでエリオット＝ハルバースタム予想について触れているのはなぜか？ 個人的に面白いと思うからというのも1つの理由だが（特に，一見すると単純な数学鉛筆が未解決の研究問題とつながっているという点），何より，双子素数予想に関する最新の研究を語るうえで欠かすことができないからでもある。第7章で触れたとおり，ゴールドストン，ピンツ，イルディリムの3人は，$\frac{1}{2}$ より大きい任意の θ の値についてエリオット＝ハルバースタム予想が成立すれば，一定間隔以下の素数の組が無数に存在するという結果が導かれることを証明した。しかし，残念ながら $\frac{1}{2}$ より大きい θ の値について，エリオット＝ハルバースタム予想の証明はいまだ見つかっていない。部分的な前進ならあった。エンリコ・ボンビエリ，エティエンヌ・フヴリ，ジョン・フリードランダー，ヘンリク・イワニエックは，この4人のなかのさまざまな組みあわせで論文を共同執筆し，特定の技術的条件のもとで，$\frac{1}{2}$ より大きなある θ に対してエリオット＝ハルバースタム予想風の結果を証明することができる手法を開発

した。しかし残念ながら，その技術的条件のもとでは，彼らの研究とゴールドストン，ピンツ，イルディリムの議論を組みあわせることはできない。

余談だが，ここまでの内容を読んで，数学の共同研究的な側面と，過去の研究を土台にして一歩ずつ研究を積み重ねていく段階的な側面，その両方がなんとなく理解できてきたと思う。学問分野によっては，新しい理解や理論によって過去の研究が半ば時代遅れになるケースもある。数学はそういう学問ではない。だからこそ数学の教育課程では，21世紀の最先端の研究を学ぶ前に，19世紀，そして20世紀の数学をじっくりと学ぶわけだ。（なかには，19世紀までさかのぼる必要のない比較的新しい数学分野もないわけではないが，ふつうは過去の研究が依然として現代数学の根幹をなしている。）

本章で話してきた内容とおなじみの双子素数予想には見事な関係がある。双子素数予想とは，双子素数，つまり差が2の素数の組が無数に存在するという予想だ。では，双子素数の逆数の和をとったらどうなるだろう？　つまり，次のように始まる級数だ。

$$\left(\frac{1}{3}+\frac{1}{5}\right)+\left(\frac{1}{5}+\frac{1}{7}\right)+\left(\frac{1}{11}+\frac{1}{13}\right)+\ldots$$

1919年，ノルウェーの数学者ヴィーゴ・ブルン（1885〜1978）は，この和がなんと収束することを証明した（収束先の値は**ブルン定数**と呼ばれる）。もしこの和が発散すれば，双子素数が無数に存在するという証明が得られるのだが，残念ながら和は発散しない。よって，双子素数は有限個しか存在しないか，無数に存在するがたまたま先ほどの和が収束するかのどちらかということになる。どちらが正しいのかは不明だが，双子素数が素数と比べてだいぶ少ないことだけは漠然とわかるのだ。

さて，双子素数予想に関する新たな研究に再び話を戻そう。

11
2013年8月
論文を書く

　ある意味，2013年8月に関する最大のニュースは，ニュースが1つもないということだ。本章は誰かがチャン・イータンの上限値を大幅に縮めたとかいう刺激的なニュースで締めくくられるわけではない。Polymathのリーグ表は8月，続いて9月と，なんの変化もなかった。報告できるような進展がいっさいなかったのだ。

　それは数学の定めだ。報告できることが何もないときもある。だからといって何も行われていないわけではないし，まったく進展がないわけでもない。目に見える進展がないだけの話だ。

　当時，Polymathではチャンの70,000,000という当初の上限値は大幅に改善され，差が4,680以下の素数の組は無数に存在することがすでに証明されていた。こうした改善は，大きさが同じでよりよい(幅の狭い)許容集合を探すという方法と，理論的議論を改良して必要な許容集合の大きさ自体を減らすという方法，その2つを織り交ぜることによって実現した。当然ながら，その勢いもある時点で途絶えた。それが2013年8月だった。ある意味では，改善の勢いがこれほど長く続いたこと自体，奇跡的だ。Polymathの研究が真の偉業であることはまちがいなかった。

　となると，次は？

　2013年8月17日，テレンス・タオは自身のブログに「Polymath8：論文の執筆」というタイトルでこんな記事を投稿した。

> Polymathプロジェクトでは毎度のことだが，開始直後の熱狂的な活動と比べると議論のペースがすっかり落ち着いたようだ。特にこの数週間，値が足踏みを続けている。われわれの手法からもう何回か小さなパラメーターの改善を絞り出すことはできるかもしれないが，"低い場所にある果実"は（そして"まあまあ高い場所にある果実"さえ）ほぼ摘み終えたといってもいいと思う。つまり，Polymathプロジェクトの次の段階に移る時が来ている。それは論文の執筆だ。

彼は研究論文の骨組みをつくり，論文の執筆作業への協力を呼びかけた。プロジェクトにのめりこんでいる人にとっては，どうすればふつうの人々にとって内容が理解しやすくなるかがわかりにくい場合もある。なので，彼は特に読みやすさについての意見を求めた。この論文の最大の目的は，Polymathで得られた最善の結果，つまり「差が4,680以下の素数の組は無数に存在する」という結果を証明することだった。しかし，Polymathには発表できる結果がほかにもあった。たとえば，最善の上限値は，ベルギーの数学者ピエール・ドリーニュの1970年代の非常に難解で奥深い研究に基づいていたのだが，たとえそれらの定理を用いなくても，差が14,994以下の素数の組が無数に存在することを証明できた。ドリーニュの定理を回避するために用いられた手法は，ほかの数学者たちにとっても興味があるだろう。

実際のところ，Polymathの上限値の表が2013年8月に「いっさい変化しなかった」という表現は正しくない。タオが論文執筆についての記事を投稿した8月17日，14,994という記録は14,950へと少しだけ更新されたからだ。

大人数による論文執筆には実務的な面でいくつか課題があるが，

それは大きな問題ではない。より重要なのは，研究のクレジットを誰にどう割り振るかという問題だ。第 7 章で話したとおり，ガワーズは Polymath のアイデアを初めて表明したときにこの点に触れ，こう述べた。

> ごく一部の人々がアイデアの大半を出したとしても，論文はオンラインの議論全体とかかわりのある人々の連名で提出されることになる。

　数学界では，プロジェクトに大きく貢献した人々（通常は 1～4 名）を姓のアルファベット順で論文の著者として記載する慣習になっている。ほかの学問分野にも，どの人の名前をどういう順番で記載するかについて独特の慣習がある。数学界の風習では，貢献の度合いや序列にかかわらず著者を常にアルファベット順で列挙することになっている。Polymath の参加者たちは，主要な貢献者（当然，姓のアルファベット順）とその所属をまとめたプロジェクト専用のウィキページを作成した。通常，学者が論文の発表時にそうした支援（非金銭的な支援も含めて）を認めることが，研究費を受けとる条件になっている。ウィキのリストはそのためのものだ。また，小さいながらも感謝に値するだけの貢献を行った人々のリストもある。

　Polymath による最初の論文は，密度版ヘイルズ＝ジュエット（初の Polymath プロジェクトで取り組んだ問題）の頭文字 DHJ を取って，D. H. J. Polymath という名前で提出された。その後に行われたある Polymath プロジェクトで（まだ素数の間隔の問題に挑む前），論文提出のたびにイニシャルを変更するのではなく，ほかのプロジェクトでも D. H. J. Polymath という名前を使いつづけることが決まった。そのほうがオンラインで Polymath の論文を探しやすいという

のがその理由だ。

　研究論文の執筆は，研究自体とまったく無関係な作業だったわけではない。ブログ上の会話を追ってみると，確かに論文の執筆そのものに関する具体的な議論もあった（たとえば，「この定義はこのセクションのもっと前にあったほうがいいと思う」「ここに誤植がある」といったコメント）。だが，それ以外の大半は，議論の検証，改良，明確化といった数学的内容に関する話題だった。その分野の専門家以外の人々に説明するため，論文の内容をゆっくりじっくりと精査していくのは，自分自身の理解度を確かめると同時に，それまで見落としていた数学的な改善点に気づくのに打ってつけの方法なのだ。

　2013年9月下旬になると，Polymathの参加者たちは，テレンス・タオを筆頭として，160ページ超の論文のいわゆる第一稿を完成させようとしていた。もちろん，さらなる吟味や推敲は必要だったものの，論文の構成や主な議論については総意ができあがり，『代数および数論（*Algebra and Number Theory*）』誌に論文を提出することが決まった。さらに，ヨーロッパ数学会ニュースレターの編集者たちは，Polymathの論文発表に関して何か記事を書いてほしいとタオに依頼した。するとタオは，それもPolymathの共同作業プロジェクトの一環にしたいと提案し，参加者たちがそれぞれPolymathでの経験を振り返った。詳しくは第16章で。

　2013年10月10日，タオはブログのコメント欄で，ジェームズ・メイナードの新たな研究に関するニュースを打ち明けた。ゴールドストン，ピンツ，イルディリムの篩を改良することにより，3人がエリオット＝ハルバースタム予想を仮定して得た上限値をさらに更新できるかもしれないというのだ。タオは続けてこう綴った。

　　私は，4,680という最新記録の更新を目指すPolymath8bプロジェ

クトを立ち上げるべきではないかと考えはじめている……

　2013年8月と9月は，目に見える進展という意味ではたいしたニュースがなかった。それでも，目の前に迫る新たな進展に期待を抱く理由は十分にあったのだ。

12
素数が厄介ならほかを当たれ

　素数は魅力的で，面白くて，そして難しい。きっと今ごろはみなさんも，私と同じ気持ちになっているのではないかと思う。私たちがこれまで考察してきた疑問が厄介な1つの理由は，**乗法的**(掛け算的)に定義された数に関して**加法的**(足し算的)な疑問を掲げているからだ。素数は約数の数(たった2つ)によって説明でき，約数については掛け算と割り算がすべてだが，私たちがずっと考察してきた疑問は足し算や引き算と関連している(たとえば，2を足しても素数になる素数など)。この足し算と掛け算の張り詰めた関係こそが，素数の研究を面白いほど難しくするのだ。本章では少し寄り道をして，同じく乗法的に定義される私のお気に入りの数列について探ってみたい。その数列についても素数の場合と似たような疑問を掲げられるが，前進するのは素数と比べて少しラクだ。本章では，$0^2=0$，$1^2=1$，$2^2=4$，$3^2=9$，$4^2=16$，$5^2=25$といった平方数を扱う。素数が数の池に浮かぶつるつるしたスイレン，つまり美しくて豊富にあるが少しばかり不安定なスイレンだとすれば，平方数は池底にがっちりと固定された丈夫で安心な踏み石のようなものだ。

2つの平方数の和で表せる数は？

　ゴールドバッハ予想は，2つの(奇数の)素数の和として表せる数に関する予想だ。代わりに，2つの平方数の和として表せる数について考えることもできる。この疑問について考える1つの理由は，

ゴールドバッハ予想との類似性にある。もう1つはピタゴラスの定理との関連性にある。ピタゴラスの定理は直角三角形に関する定理で、「斜辺の平方(2乗)は残りの2つの辺の平方の和に等しい」という命題だ。図12.1の直角三角形についていえば、ピタゴラスの定理は $a^2+b^2=c^2$ を意味する。

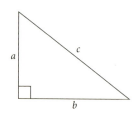

図12.1 ピタゴラスの定理。この直角三角形において、$a^2+b^2=c^2$ が成り立つ

なので、2つの整数の平方の和について考えるのは、短い2辺の長さがともに整数であるような直角三角形の斜辺について考えることに相当する。個人的には、この性質が2つの平方数の和について考えるいちばん大きな動機というわけではない。この疑問自体が面白いと思うのだ(私はある疑問に興味をもったとき、その疑問に直接の実用性があるかどうかは気にしない)。ただ、三角形との関連も少しはあ

る。実際，古代ギリシアの時代から知られているある数論の美しい問題は，辺の長さが整数になる・す・べ・て・の直角三角形について問うものだ。学校の数学教科書の著者たちは，3辺の長さがそれぞれ 3, 4, 5 ($3^2+4^2=5^2$ であることに注目) や 5, 12, 13 ($5^2+12^2=13^2$) の直角三角形がお好きなようだ。いずれもあまり大きくないきれいな整数になっているからだ。これらの直角三角形を図示すると図 12.2 のようになる。このとき，(3, 4, 5) や (5, 12, 13) のような 3 つの数の組を**ピタゴラス数**と呼ぶ。しかし，各辺の長さが整数の直角三角形に対応するこうしたピタゴラス数はほかにもあるのか？ あるとすればいくつあるのか？ すべて見つけ出すことはできるか？

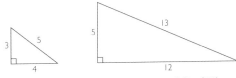

図 12.2　各辺の長さが整数の 2 つの直角三角形

これらの疑問には見事な答えがあることがわかっている。「いくつあるのか？」という疑問については，明らかに無数に存在するというのが単純な答えだ。各辺の長さが整数のお好きな直角三角形をとり，各辺の長さに同じ数を掛け，縮尺を大きくすればよい。たとえば，各辺の長さが (3, 4, 5) の直角三角形から始めれば，(6, 8, 10)，(9, 12, 15)，(12, 16, 20), ... と，いくらでも多くの直角三角形をなんの苦労もなくどんどんつくれる。この答えはあまりにも面白味がない。しかし，もっと満足できる答えがある。実は，真に異なるピタゴラス数の 3 つ組 (縮尺を変えただけではないもの) は無数に存在するのだ。これはこの上ない朗報だ。実際，そうしたピタゴラス数をすべてもれなく生成する見事な数式が存在する (ここではその数式は述べないが，面白いことを自分で研究するのがお好きな方は，ぜひ考えて

第 12 章　素数が厄介ならほかを当たれ

みてほしい)。

　アレクサンドリアのディオファントス(生年200年ごろ，没年284年ごろ)は，まちがいなくピタゴラス数を見つけ出すという問題に興味をもっていたようで，有名な著書『算術』のなかで考察している。『算術』が名声を得たのは，後世のある愛読者の影響が大きい。それは17世紀フランスのアマチュア数学者ピエール・ド・フェルマー(1607〜1665)だ。彼はクロード・バシェが翻訳した『算術』を読み，私たちにとっては幸いなことに，本の余白に自身のアイデアをしたためた。するとフェルマーの死後，彼の息子が父親の注釈入りで『算術』を出版した。フェルマーが自身の推論の根拠を説明することはほとんどなかったため，後世の数学者たちは彼のあまたある主張を1つずつ精査していった。なかには正しいと証明されたものもあれば，まちがいだとわかったものもあった。そうして最後まで残ったのが「フェルマーの最終定理」と呼ばれるもので，何世紀ものあいだ，数学界でもっとも有名な未解決問題の1つとして君臨しつづけた(つまり，"定理"と呼ぶには早すぎたわけだ)。フェルマーは数学者のお決まりの行動をとった。それは一般化である。ディオファントスは平方数を2つの平方数の和として表せるかどうかを考えた。そこでフェルマーは自然と，立方数を2つの立方数の和として表せるか，4乗数を2つの4乗数の和として表せるか，等々を考えた。たとえば，方程式 $x^3+y^3=z^3$，$x^4+y^4=z^4$，$x^5+y^5=z^5$ の解は？

　おそらく，フェルマーはいくつか数値を代入して試してみたのだろうが，事実は歴史に埋もれたままだ。1つだけわかっているのは，平方数を2つの平方数の和として表すことはできても，3乗以上の数については同じようにはいかないと彼が確信したということだ。つまり，3以上の自然数 n について，$x^n+y^n=z^n$ を満たす0以外の整数 x, y, z は存在しないと結論づけたのだ。彼はこの主張をディオ

ファントスの『算術』に書き記し，次のような挑発的なコメントを(ラテン語で)書き加えた。

> 私は誠に驚くべき証明を発見したが，余白が狭すぎて書ききれない。

こうして，数世紀にわたる数学的冒険が幕を開け，無数の人々がフェルマーの悪名高い主張の証明に挑んだ。その道中，本書にも登場したレオンハルト・オイラーやソフィ・ジェルマンなどの数学者によって，数々の部分的な成果が積み上げられていった。

この問題がようやく解決したのは1990年代半ばのことだった。イギリスの数学者アンドリュー・ワイルズは，数々の数学者たちの研究を土台にし，さらにはプリンストン大学の指導学生のひとりだったイギリスの数学者リチャード・テイラーとの共同研究の重要な要素を盛りこみ，とうとうフェルマーの最終定理を証明した。結局，フェルマーは正しかったわけだが，それが確定するまでには350年以上の歳月を要した。だが，のちのワイルズが確立した議論を当時のフェルマーが思い描いていたとは絶対に考えられない。ワイルズは，フェルマーの時代にはとうてい存在していなかった現代の数学的手法を用いたからだ。フェルマーの最終定理をめぐる物語は，数学界の名ストーリーの1つであることは疑いようもないが，数々の誤りにもまみれている。その最初の誤りが，「驚くべき証明」を発見したというフェルマーの勘違いだった可能性はおおいにある。だからといって，フェルマーの功績を無視することはできない。彼は本章でのちほど再登場する。

続・2つの平方数の和

さて，2つの平方数の和として表せる数について再び考えよう。

ここでは正真正銘の数学をふんだんにご紹介したいと思う。みなさんに数学者の思考がどういうものなのかを味わってもらえるよう，核心に迫った話をしてみたい。そのため，私は先に定理を述べて次にその証明を提示するのではなく，最後にオチの待っている物語として話を進めることにした。というのも，アイデアをあれこれといじくり回し，情報と情報をつなぎあわせていくのが数学のプロセスだからだ。今は細かい部分について考えたくないという方は，このあとの数ページは流し読みしてもらってかまわない。定理の内容とその説明は章の最後のほうにあるので，そちらを先に読み，残りの部分をあとで読んでもかまわない。だが，先に数学者の思考の過程を味わってみるのも楽しいと思う。

いつものように，まずはデータを集め，それからそのなかにパターンや構造を探してみよう。

100以下の平方数は 0, 1, 4, 9, 16, 25, 36, 49, 64, 81, 100 だ。図 12.3 はこれらの数を表にまとめたものだ（0 は除く）。

平方数自体はまぎれもなく 2 つの平方数の和として表せる（たとえば，$25 = 5^2 + 0^2$）。では，0 以外の 2 つの平方数を足しあわせると，ほかにどんな数が得られるだろう？ 図 12.4 は 2 つの平方数の和と

1	2	3	4	5	6	7	8	9	10
11	12	13	14	15	16	17	18	19	20
21	22	23	24	25	26	27	28	29	30
31	32	33	34	35	36	37	38	39	40
41	42	43	44	45	46	47	48	49	50
51	52	53	54	55	56	57	58	59	60
61	62	63	64	65	66	67	68	69	70
71	72	73	74	75	76	77	78	79	80
81	82	83	84	85	86	87	88	89	90
91	92	93	94	95	96	97	98	99	100

図 12.3　平方数

1	2	3	4	5	6	7	8	9	10
11	12	13	14	15	16	17	18	19	20
21	22	23	24	25	26	27	28	29	30
31	32	33	34	35	36	37	38	39	40
41	42	43	44	45	46	47	48	49	50
51	52	53	54	55	56	57	58	59	60
61	62	63	64	65	66	67	68	69	70
71	72	73	74	75	76	77	78	79	80
81	82	83	84	85	86	87	88	89	90
91	92	93	94	95	96	97	98	99	100

図 12.4　2つの平方数の和（濃い灰色は平方数）

して表せる数を示したもので，平方数自身は濃い灰色で塗ってある（ただし，平方数自身も2つの平方数の和とみなせる）。

これと同じ作業を2つの素数の和について行ったときにみられた，明快で美しいパターンを覚えているだろうか？ 残念ながら，2つの平方数の和では同じような明確なパターンは見当たらない。でも待ってほしい。なぜ10列で表すのだろう？ 人間には10本の指があるからだ。では，8列にしたらどうなるか？ 図12.5を見てほしい。

少しパターンらしきものが見えてきた！ この表を見ると，いくつか面白い点に気づくはずだ。

まず，2つの平方数の和として表せる数がいっさい現れない列が3つある（先頭が3, 6, 7の列）。本当だろうか？ 行を下に追加していっても同じパターンが続くのか？ また，そのほかの5つの列について，どの数が2つの平方数の和として表せてどの数が表せないのかを予測するには？ 複雑な計算を用いずにそれを確かめる巧妙な方法はあるのだろうか？ 数学者は常にパターンや構造を探し，その背景にある理屈を説明しようとするのだ。

まずは，8列構成の表のどこに平方数が現れるかを調べると役立

第12章　素数が厄介ならほかを当たれ

1	2	3	4	5	6	7	8
9	10	11	12	13	14	15	16
17	18	19	20	21	22	23	24
25	26	27	28	29	30	31	32
33	34	35	36	37	38	39	40
41	42	43	44	45	46	47	48
49	50	51	52	53	54	55	56
57	58	59	60	61	62	63	64
65	66	67	68	69	70	71	72
73	74	75	76	77	78	79	80
81	82	83	84	85	86	87	88
89	90	91	92	93	94	95	96
97	98	99	100				

図 12.5　2 つの平方数の和（濃い灰色は平方数）

つ（平方自体も 2 つの平方数の和なのに，別の色に塗っておいたのはそのためだ）．100 までの平方数を見るかぎり，平方数はすべて 3 つの列 (1, 4, 8 の列) のどれかにあるようだ．

8 の列にあるというのは何を意味するのか？　その数がちょうど 8 の倍数であるという意味だ．同様に，1 の列にある数は 8 の倍数 + 1，4 の列にある数は 8 の倍数 + 4 となる．

すると重要な疑問が浮かんでくる．すべての平方数は本当に 8 の倍数，8 の倍数 + 1，8 の倍数 + 4 のいずれかなのか？　そうであることを確かめる方法はいくつかある．

1 つの便利な方法は，整数を 4 の倍数，4 の倍数 + 1，4 の倍数 + 2，4 の倍数 + 3 という 4 種類の数に分けるというものだ．

代数を使うと，4 の倍数は k を整数として $4k$ と表せる．4 の倍数 + 1 の数は k を整数として $4k+1$ と表せる．残りの 2 つについても同様．よって，これらの数の平方は，

$$(4k)^2 = 16k^2 = 8 \times 2k^2;$$
$$(4k+1)^2 = 16k^2 + 8k + 1 = 8(2k^2 + k) + 1;$$
$$(4k+2)^2 = 16k^2 + 16k + 4 = 8(2k^2 + 2k) + 4;$$
$$(4k+3)^2 = 16k^2 + 24k + 9 = 8(2k^2 + 3k + 1) + 1$$

と表せる。このことから，この世のすべての平方数は，8の倍数，8の倍数＋1，8の倍数＋4のいずれかの形をしているとわかる。この事実はさまざまな問題においてとても役立つ。また，奇数の平方は必ず8の倍数＋1の形になるというプチ情報も含まれている。けっこう意外かもしれない。

（8で割った余りに応じて，8種類に分けて考えるほうが自然だと思うかもしれない。それでもまったく同じ結論になる。だが，効率化のため4種類に分けて考えた。数学者お得意の後知恵というやつだ！）

この事実から，2つの平方数の和について何がわかるだろう？ 2つの平方数の和は，必ず8の倍数，8の倍数＋1，8の倍数＋4のなかから2つを足しあわせたものになる。この和について考えるときは，余りだけに注目すればよい。たとえば，8の倍数の数と8の倍数＋1の数の和は，8の倍数から1（＝0＋1）だけ大きな数になる。そう多くないので，全通り調べてみよう。

$$0 + 0 = 0$$
$$0 + 1 = 1$$
$$0 + 4 = 4$$
$$1 + 1 = 2$$
$$1 + 4 = 5$$
$$4 + 4 = 0$$

調べ方が体系的である点に着目してほしい。私は全通りをもれな

くチェックできるよう,論理的な順序で確認を行った。また,足し算の順序は重要でないという点を踏まえ,調べる回数を減らすこともできた。たとえば,1＋0は0＋1に等しいので,すでに調べ終わっている。もういちど調べる必要はない。

ここで重要なのは,右辺に登場する余りよりも,むしろ登場しないほうの余りだ。上のリストは,2つの平方数の和を8で割ると絶対に余りが3, 6, 7にはならないことを示している。よって,図12.5の表をどれだけ下に伸ばしていっても,3, 6, 7の列には2つの平方数の和は現れないことが裏づけられる。すごくないだろうか？私は数学のこの確実性を愛してやまない。巧妙な議論によって,3, 6, 7の列に2つの平方数の和が現れないことが絶対的に保証されるというのだから,こんなにすばらしいことはない。

しかしこの議論からは,残りの列にあるどの数が2つの平方数の和であるかはわからない。図12.5を見ると,同じ列でも2つの平方数の和で表せる数もあれば,そうでない数もある。だが,余りを用いた議論からはそれ以上のことはわからない。表を見ているだけでは,私にはパターンが見えてこない。そこで別のアイデアが必要になる。数学の問題を解くというのはこういうものなのだ。あるアイデアのおかげで一歩前進したかと思うと,複雑さの潜んでいる場所が浮かび上がってくる。そして,新しいアイデアや手法の必要な場所が見えてくるのだ。

2つの平方数の和を掛けるとどうなる？

あとで非常に役立つ命題があるので,ここで紹介しておこう。2つの平方数の和として表せる2つの数どうしを掛けると,その答えもやはり2つの平方数の和として表せる。先ほど登場した具体的な数値でこの主張を検証してみよう。たとえば,

$$5 = 2^2 + 1^2 \quad \text{および} \quad 13 = 3^2 + 2^2$$

が成り立つので，5と13はどちらも2つの平方数の和になっている。そして，

$$5 \times 13 = 65 = 4^2 + 7^2$$

と表せるので，5と13の積も2つの平方数の和になっている。この例は一般的な証明にはならないが，パターン探しには使える。この種の数値的なデータを使って，掛ける前の2つの数(5,13)の右辺に出てくる平方数と，掛けたあとの数(65)の右辺に出てくる平方数との関係を推理するのは少し厄介だ。しかも，2つの平方数の和として表現する方法は2通り以上ある場合もあるからいっそう難しい（たとえば，$65 = 4^2 + 7^2$ だが，$65 = 8^2 + 1^2$ とも表せる）。なので，数学者は数値的な証拠を血眼になって見つめてパターンを探すか，そうでなければ問題に忍び寄る別の方法を見つけるしかないのだ（この点について詳しくはすぐあとで）。

鍵になるのは次の恒等式だ。

$$(a^2 + b^2)(c^2 + d^2) = (ac - bd)^2 + (ad + bc)^2$$

この式はすべての a, b, c, d の値について成り立つ。

先ほどの例に当てはめて考えてみよう。

$$5 = 2^2 + 1^2$$

なので，$a = 2$，$b = 1$ と考えられる。

また，

$$13 = 3^2 + 2^2$$

なので，$c=3$, $d=2$ としよう。

すると，$ac-bd=6-2=4$, $ad+bc=4+3=7$ なので，1つ目の式と同じ

$$65 = 4^2 + 7^2$$

が導き出せる。

なぜ先ほどの一般的な式は成り立つのか？ 実際に掛け算を行って両辺のカッコを展開し，両辺が等しいことを確かめるのが1つの方法だ。等号が正しいことを確かめるだけなら，それで十分に満足だが，この式がどうやって導き出されたのかを理解するという点では，おおいに不満が残る。数値的なパターンから推測する以外に，そもそもどうやってこんな式を思いついたのだろう？

「複素数を通じて」というのが1つのうまい答えだ。先ほどの等式が正しいことを確認するだけなら，複素数は必要ないのだが，複素数を使えば，先ほどの等式を書き出すのがそもそも理に適っている理由を見事に説明できる。ここでは複素数について詳しく説明しないので，複素数を知らない人は次の段落を飛ばしてほしい。ただし，この章の後半でもう少し詳しく説明したいと思う。

ポイントは，a^2+b^2 が複素数 $a+bi$ の長さの平方，c^2+d^2 が複素数 $c+di$ の長さの平方に等しいという点だ。この2つの複素数を掛けると，

$$(a+bi)(c+di) = (ac-bd) + (ad+bc)i$$

となり，この複素数の長さの平方は $(ac-bd)^2+(ad+bc)^2$ となる。こうして，先ほどの等式の摩訶不思議な右辺がごく自然と出てくるのだ。

なぜ先ほどの等式がそんなに役立つのか？ 私たちの目的は，ど

の数が2つの平方数の和として表せるかを知ることだ。2つの平方数の和として表せる数どうしを掛けあわせると，その積もやはり2つの平方数の和として表せるという事実は，どこがそんなにすごいのか？ 実は，素数に着目するのが効果的であることを物語っているのだ。素数はあらゆる数を構成する材料として使えるからだ。この考え方は，第2章で紹介した素因数分解の図に集約されている。そこで，2つの平方数の和の話は少し中断し，素因数分解についてもう少し詳しく説明しておこう。

素因数分解の話

2以上の整数は必ず素因数をもつ。その数自身が素数であるか，より小さい素数で割り切れるかのいずれかだ。この考えを進め，繰り返し素因数を抜き出していくと，すべての数は素因数の積（一連の素数を掛けあわせた形）として表現できることがわかる。たとえば，$18 = 2 \times 3 \times 3$ であり，確かに素数の積になっている。（3が繰り返し出現するのは問題ない。）17はそれ自体が素数であり，そしてまた素数の積でもある。といっても，17というたった1つの素数だけからなるかなり野暮ったい積だが。

驚くべきことに，素因数分解の仕方は，1つの数につき1通りだけであることがわかっている。別の言い方をすれば，1つの数につき素因数分解の図の描き方は1通りしかないのだ。素因数分解の図の描き方は，素因数について考える順序による。3の山を3つ束ねたものが2つある図と，2の山を3つ束ねたものが3つある図では，かなり見かけが異なる（図12.6を参照）。

しかし，必ず最大の素因数を先頭にもってくると決めれば，図の描き方は1通りになる。この性質は**素因数分解の一意性**と呼ばれるもので，素数を特別な存在にしている性質の1つだ。すべての数は

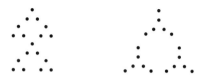

図 12.6 3×3×2 と 2×3×3 の図のちがい

その素因数に分解できるだけでなく，その分解の仕方は1通りしかない（素因数を書く順序のちがいを無視すれば）。この一意性は決して明白ではない。いろいろな実例を見るかぎりは正しそうだが，それだけでは十分とはいえない。証明が必要だ。ここではその証明は述べないので，とりあえずは私の言葉を信じてほしい。巻末の参考資料リストに挙げた数論のテキストやオンラインで証明を調べていただければもっとよい（あなた自身で証明できれば完璧だ！）。素因数分解の一意性は算術の基本定理と呼ばれており，この仰々しい名前がこの結果の重要性を物語っている。

定理（算術の基本定理）　1より大きいすべての整数は，素数の積として実質的にただ1通りに表すことができる。

「実質的にただ1通り」と書いたのは，素因数の掛ける順序を変えれば別の表し方があるというちょっとした傷があるからだ。しかし，その表し方は異なる素因数分解とはみなさない。私は純粋数学を生業としているので，できるだけ厳密な表現を心がけているのだ。

ちなみに，1を素数とみなさない妥当な理由はここにある。1を素数とみなせば，素因数分解の一意性は成り立たなくなってしまう。たとえば，2×3×3 と 1×1×2×3×3 は定義上，別の素因数分解ということになり，不都合が生じてしまうだろう。

算術の基本定理は，素因数分解について2つの重要な事実を教え

てくれる。1つは、1より大きいすべての整数は必ず素因数分解ができるということ。この点は重要だが、そう難解ではない。その理由はかなり簡単にわかる。まず、好きな数を選ぶ。その数が素数なら素因数分解は終了だ。素数でなければ、その数はより小さな数の積になる。この議論を繰り返していくと、最終的には元の数の素因数分解が見つかる。

たとえば、120を例にとろう。そうしたら120を因数分解し、そうしてできた因数をまた因数分解する。この作業を繰り返すと次のようになる。

$$120 = 10 \times 12$$
$$= 2 \times 5 \times 2 \times 6$$
$$= 2 \times 5 \times 2 \times 2 \times 3$$

こうして、素因数分解が存在することがわかるだけでなく、素因数分解の仕方を見つける方法まで得られる(元の数が巨大な場合、途方もない時間がかかる方法だが)。もう1つは定理のより複雑な部分、つまり一意性だ。一意性を証明するのは、素数の奥深い性質を利用しなければならないのでもう少し厄介だ。算術の基本定理が明白でないというのはこの部分のことを指している。

素因数分解の一意性の重要性が明らかになったのは19世紀のことだ。当時、数学者たちは扱う数の種類を広げはじめた。ガブリエル・ラメ(1795〜1870)はジョゼフ・リウヴィル(1809〜1882)との会話を参考に、フェルマーの最終定理の見事な攻略方法を思いつき、証明を発見したとまで宣言した。それは通常の整数だけでなく、一部の複素数も含めた、拡張した数の集合を用いる方法だった。彼の議論はx^n+y^nの因数分解を用いて、これがz^nと等しいとした場合についての結論を導き、$x^n+y^n=z^n$の解が存在しないことを証明する

という論法だった。このアイデアは絶妙だったが，残念ながら一部の n の値については成り立たない。なぜなら，リウヴィルが指摘したように，彼の証明は素因数分解の一意性に依存しており，この一意性が拡張した数の集合では成り立たないケースがあるからだ。その時点で，証明は断念されてもおかしくなかった。しかし，むしろこの失望が100年以上にわたる現代の代数的数論の発展につながった。その先駆けのひとりであるエルンスト・エドゥアルト・クンマー（1810〜1893）は，素因数分解の一意性の問題を解消するべく研究に励んだ。その結果，一部の指数 n についてフェルマーの最終定理の正しい証明が導き出された。数学者はしょっちゅう失敗を犯す。大事なのはその失敗を活かして理解を深めることなのだ。

この話の教訓はこうだ。整数の素因数分解の一意性はすばらしい性質だが，当たり前に成り立つと思ってはいけない。

2つの平方数の和で表せる素数は？

さて，2つの平方数の和の話に戻ろう。すでに説明したとおり，1より大きいすべての整数は適当な素数を掛けあわせることで得られる。また，2つの平方数の和で表せる数どうしを掛けると，その積もやはり2つの平方数の和で表せる。ということは，2つの平方数の和として表せる素数について理解すれば，その情報をつなぎあわせ，2つの平方数の和に関する全体像が理解できるようになるかもしれない。素数のふるまいについて理解し，そうして得られた情報をつなぎあわせて全整数のふるまいを推理するというのは，数学では定番の戦略だ。そして，算術の基本定理がこれほど重要な理由の1つでもある。

そこで，2つの平方数の和を示した表をもういちど見てみよう。今回は素数にも印をつけてある。図12.7では，2つの平方数の和

はうすい灰色，素数は濃い灰色，そして素数であり2つの平方数の和でもある数は斜線で示している。

1	2	3	4	5	6	7	8
9	10	11	12	13	14	15	16
17	18	19	20	21	22	23	24
25	26	27	28	29	30	31	32
33	34	35	36	37	38	39	40
41	42	43	44	45	46	47	48
49	50	51	52	53	54	55	56
57	58	59	60	61	62	63	64
65	66	67	68	69	70	71	72
73	74	75	76	77	78	79	80
81	82	83	84	85	86	87	88
89	90	91	92	93	94	95	96
97	98	99	100				

図12.7　うすい灰色は2つの平方数の和，濃い灰色は素数，斜線は2つの平方数の和として表せる素数

　斜線と濃い灰色の数だけに着目すると，かなり特徴的なパターンが見えてくる。いつものように2は特殊なケースなので，脇に置いておくとしよう。2が2つの平方数の和であることは明白なので，しばらくそっとしておいてかまわない。では，残る奇素数についてはどうだろう？　表を見れば一目瞭然だ。3と7の列にある素数は2つの平方数の和ではないが，1と5の列にある素数は2つの平方数の和になっている（少なくとも表内の数の範囲では）。この結果が表内の素数だけでなく全素数について成り立つとしたらすばらしい。考えている素数がどの列にあるかを確認するだけで（8で割って余りを確かめればいい），その素数が2つの平方数の和として表せるかどうかがすぐにわかる。

　この疑問の半分についてはもう答えがわかっている。先ほど，3

と7の列にある数は絶対に2つの平方数の和にならないことを入念に確かめた。この結論はそれぞれの列の素数にもまちがいなく当てはまる。3と7の列にある素数はすべて濃い灰色であり、斜線にはなりえない。

もう半分の疑問についてはどうだろう？ 1と5の列にある素数は、すべて2つの平方数の和として書けるのか？ この点はもう少し証明が難しそうだ。

ここまで読んで、先ほどの説明をもう少し単純化できることに気づいたかもしれない。8で割った場合の余りについてではなく、4で割った場合の余りについて考えることもできる。表の1と5の列にある数は4で割って1余る数であり、3と7の列にある数は4で割って3余る数になっている。（興味がおありなら、4列構成で表を描き直してみるといいだろう。2を除けば、斜線部分の数、つまり2つの平方数の和で表せる素数はすべて1の列にあり、濃い灰色の数、つまり2つの平方数の和で表せない素数はすべて3の列にあることがわかるだろう。）よって、すでに確かめたとおり、4の倍数＋3という形の数はすべて2つの平方数の和として表せないことがわかる。残るは、4の倍数＋1という形の素数はすべて2つの平方数の和として表せるかどうかという問題だ。

実は、この命題は正しいことがわかっている。実際、これはフェルマーによる定理だ。

定理（フェルマー） p が4の倍数＋1のとき、そしてそのときに限って、奇素数 p は2つの平方数の和として表せる。

例のごとく、フェルマーは手紙のなかでこの結果を述べたが、誰にも証明を明かさなかった。それから100年あまりあと、オイラー

がゴールドバッハへの手紙のなかで初めて証明を与えた（この手の話には同じ人物が何度も登場するのがおわかりいただけるだろう）。それでも，フェルマーの定理と呼ばれることが多い。オイラーの証明以降，数論のさまざまなアイデアを用いた華麗な証明がいくつも見つかっている。

　ここではそのなかの1つの議論をざっと紹介するが，飛ばしたい方は飛ばしてもらってもかまわない。この証明方法を選んだのは，先ほどの素因数分解の話で紹介したフェルマーの最終定理の"誤った"証明とかかわっているからだ。整数だけを使うのではなく，一部の複素数を含めて使用できる数の集合を拡張し，その数を用いて議論を進めるのだ。

　本来なら複素数の理論を紹介している場合ではないのだが，みなさんにせめて証明の雰囲気だけでも味わってもらえるよう，最低限の説明を試みたい。まず，-1の平方根であるiを導入しなければならない。iはとても恐ろしい存在に見える。2，-17，π，-0.01といったふつうの数（**実数**）は，2乗すると必ず0以上の値になる。なのに，なぜ-1が平方根をとりうるのか？　この点にあまりこだわるのはよくない。必要なのは新しい記号iをつくることだけだ。そして，i^2を見かけるたびに-1に置き換えればよい。私はあえて，数百年間におよぶ数学的思考の歴史を都合よくすっ飛ばしている。忘れないでほしいのは，0や負の数でさえ，使っても問題ないとわかるまで数百年かかったという事実だ。そして今や私たちは0や負の数を年じゅう用いている。

　これから私たちが使うのは，名数学者カール・フリードリヒ・ガウス（1777～1855）にちなんで名づけられた**ガウス整数**と呼ばれるものだ。ガウス整数とは，aおよびbを整数とする$a+bi$という形の数のことである。たとえば，$1+2i$，$-1+3i$，$7-6i$，$-8-2i$はい

いずれもガウス整数だ。i^2 を見かけるたびに -1 に置き換えられることを覚えておけば，ガウス整数は通常の整数と同じように足し算，引き算，掛け算ができる。たとえば，

$$(1 + 2i) + (7 - 6i) = (1 + 7) + (2 - 6)i = 8 - 4i,$$

$$(1 + 2i) - (7 - 6i) = (1 - 7) + (2 + 6)i = -6 + 8i,$$

$$(1 + 2i)(7 - 6i) = 7 + 14i - 6i - 12i^2$$
$$= (7 + 12) + (14 - 6)i = 19 + 8i$$

ガウス整数についてもう1つだけつけ加えておきたい。ガウス整数 $a + bi$ に対し，量 $L(a + bi)$ を $a^2 + b^2$ で定義する。a と b はふつうの整数なので，$L(a + bi)$ も必ずふつうの整数になる。（複素数に詳しいみなさんなら，複素数を幾何学的に解釈し，各複素数に長さという量を割り当てられることを知っているだろう。$L(a + bi)$ という量は $a + bi$ の長さの平方に相当する。）

興味がおありなら，2つの平方数の和どうしを掛けあわせた積が，やはり2つの平方数の和であることを示す数ページ前の等式に戻り，ガウス整数の観点から議論を見直してみてほしい。先ほどの新たな表記を使うなら，前述の等式は $L(a + bi) \times L(c + di) = L((a + bi)(c + di))$ という事実を示している（つまり，2つの複素数に L を施したものを掛けあわせても，2つの複素数を掛けあわせてから L を施しても，答えは同じになる）。この性質はすぐあとで役に立つ。

ここで面白い事実がある。通常の整数だけを用いた場合，29 は素数であり，面白い形の因数分解は存在しない。$(-1) \times (-29)$ とかいう因数分解は拍子抜けだ。（「通常の整数だけを用いる」という表現が奇妙に感じられるとしたら申し訳ない。数学者はよくそういう言い方をするのだ！）しかし，ガウス整数を用いると，29 は

$$29 = (5 + 2i)(5 - 2i) = 5^2 + 2^2$$

と因数分解できる。ガウス整数を用いたこの因数分解は，29 を 2 つの平方数の和として表現することに相当する。これこそ，フェルマーの定理の証明の背景にあるアイデアの一部だ。

もう 1 つの重要な事実は，ここでは証明を述べないが，p が 4 の倍数 +1 の素数だとすれば，m^2+1 が p で割り切れるような整数 m が存在するというものだ。たとえば，$p=5$ なら $m=7$ を選べばよいし（$7^2+1=50$ は 5 で割り切れるので），$p=29$ なら $m=12$ を選べばよい（$12^2+1=145$ は 29 で割り切れるので）。この事実が一般的に成り立つことはまったくもって明白ではない。ただし，この命題が成り立つことを示すには，ここには書ききれないような理論が必要になるので，とりあえず成り立つものと信じてほしい（またはみなさん自身で証明してみてほしい）。

この点について少し考察してみよう。だんだん話が難しくなってきたが，ゴールはもうすぐなので話を続けたいと思う。今すぐには細かい部分が理解できなくても，流し読みをして，興味が湧いたときにじっくりと読み直してほしい。数学者は論文や本を読むとき常にそうしている。数学の論文や本を頭から順番に読んでいくのは，最善の方法とはいえないことが多い。むしろ，序論を読んでおおまかな内容をつかみ，面白そうな部分へと移動し，難攻不落のセクション 3.7.2（数字はなんでもいいのだが）がキーポイントだとわかると，その箇所へと戻る。そして，その箇所が定理 2 の証明の斬新で興味深い部分と密接に関連していることがわかると，セクション 3.7.2 の解読に時間をかける。じっくりと読みこめば，セクション 3.7.2 のもっとうまい議論を思いつくかもしれない。さて，2 つの平方数の和の話に戻ると，これから 1 ページあまり説明が続いたあと，結

論がある。先を急ぎたい人のため，結論部分には小見出しをつけておいた。

5 が 7^2+1 を割り切ることはわかった。ガウス整数を用いると，$7^2+1=(7+i)(7-i)$ と因数分解できる。通常の整数と同じく，ガウス整数の世界でも素因数分解の一意性が成り立つので，ある数の"素因数分解"について論じることができる。

7^2+1 の素因数分解は，単純に $7+i$ と $7-i$ の素因数分解の積となる。いずれの素因数分解にも 5 は含まれないので（$7+i$ を 5 で割ると $\frac{7}{5}+\frac{1}{5}i$ となり，ガウス整数でなくなる），5 は 7^2+1 の素因数分解には登場しない。しかし，5 が 7^2+1 を割り切ることはまちがいないので，5 はガウス整数の世界では素数ではありえない。よって，なんらかの（通常の）整数 a, b, c, d に対し，$5=(a+bi)(c+di)$ を満たす面白い形の因数分解が存在するはずだ。（もちろん，この因数分解は $5=(2+i)(2-i)$ と書き出すことができるが，5 以外の数にも拡張できる一般的な議論がしたいので，代数表記にこだわろう。）

ここで，5 の因数分解に L を施すことを考えよう。L の特徴は，不気味なガウス整数を親しみやすい通常の整数に変えてくれるという点だ。先ほどの等式を用いると，$L(5)=L(a+bi)L(c+di)$ が成り立つ。特に，整数 $L(a+bi)$ は $L(5)$（つまり 5^2）を割り切る。ところが，この因数分解の結果が面白いのは，$L(a+bi)$ も $L(c+di)$ も 1 ではないという点だ。よって，$L(a+bi)$ は 5 以外にありえない。つまり，$5=L(a+bi)=a^2+b^2$ が成り立つ。よって，5 は 2 つの平方数の和として表せる。

実際には，$5(=2^2+1^2)$ が 2 つの平方数の和として表せることを発見するのにこうした考察は不要だったが，この前の 2 つの段落にある 5 を一般的な素数 p，7 を適当な整数 m（p が m^2+1 を割り切るという条件を満たす m）ですべて置き換えれば，一般的な議論になる。大

成功だ！

しかし，p が 4 の倍数 +1 であるという事実はどこで用いたのか？ この条件は絶対に必要なはずだ。4 の倍数 +1 という形以外の奇素数 p については，定理が正しくないことはわかっているからだ。p が 4 の倍数 +1 であるという条件は，m^2+1 が p で割り切れるような整数 m が存在するという命題にとって欠かせなかった。p が 4 の倍数 +1 でなければ，この命題は成り立たないのだ。

巻末の参考資料を参照するか，オンラインを検索すれば，ほかの証明手法が見つかるだろう。しかしこの証明を読めば，複素数の導入が整数の問題の解決にどう役立つのか，その雰囲気を少しだけでも味わってもらえると思う。

2 つの平方数の和：結論

これで，ある素数を 2 つの平方数の和として表せるかどうかを判定する便利な方法が得られた。フェルマーの定理によれば，4(または 8)で割った余りを確かめるだけでよいのだ。それでは，任意の数が 2 つの平方数の和として表せるかどうかを判定するには？ 先ほどの結果を用いて，その便利な方法を見つけられないだろうか？

まず，通常の整数 n をとり，その素因数分解に着目しよう。すでに説明したとおり，2 つの平方数の和として表せる数どうしを掛けあわせると，その積もまた 2 つの平方数の和として表せる。なので，n の素因数分解は，n を 2 つの平方数の和として表せるかどうかを知るうえで役立つだろう。そこで，n の素因数分解を 3 つの束に分けて考えることにしよう（束は空でもかまわない）。4 の倍数 +1 の素数，4 の倍数 +3 の素数，そして素数 2（n が偶数の場合）だ。図 12.8 に 2 つの例を示す。

素数 2 は 2 つの平方数の和で表せるので，私たちにとっては朗報

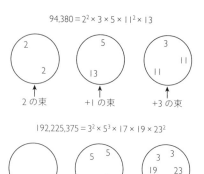

図 12.8　素因数の束

だ。前項のフェルマーの定理から，4 の倍数＋1 の素因数も 2 つの平方数の和として表せるので問題ない。4 の倍数＋3 の素因数の平方もまた，平方数自体は 2 つの平方数の和として表せるので問題ない。こうしたお行儀のよい因数は，その積も 2 つの平方数の和として表せるのですべて無視してしまってかまわない。したがって，2 の束と 4 の倍数＋1 の束は無視し，4 の倍数＋3 の束のなかでペアになっている数は無視することができる。図 12.9 はその様子を図示したものだ。

　たとえば，$23{,}465 = 5 \times 13 \times 19^2$ が成り立つ。ここで，5 も 13 も 19^2 も 2 つの平方数の和として表せるので，23,465 も 2 つの平方数の和として表せる。この形式ではっきりと書くと，前項の公式を使って 2 つの平方数の和として書き直すことができる（23,465 は比較的小さな数なので，単純にコンピューターでしらみつぶしにチェックしてもかまわないが）。本章で，すでに $5 \times 13 = 4^2 + 7^2$ と表せることを示したので，$23{,}465 = 5 \times 13 \times 19^2 = (4 \times 19)^2 + (7 \times 19)^2 = 76^2 + 133^2$ となる。

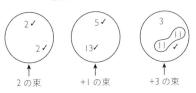

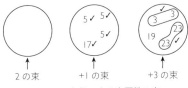

図 12.9　無視できる素因数の束

　私たちが気にしなければならないのは，残っている 4 の倍数 + 3 の素数だ。残っているとすれば，1 つの数につき 1 つだけである（同じ数が 2 個以上残っているとすれば，2 つずつ消していくことができる）。たとえば，$7 \times 23 = 161$ のような数はどうだろう？ 161 の素因数はいずれも 4 の倍数 + 3 タイプだ。しらみつぶしに調べれば，161 は 2 つの平方数の和として表せ̇な̇い̇こ̇と̇がわかる。なぜか？

　その理由を説明するため，先ほどの考え方の一部を再利用しよう。（数学者は再利用の達人なのだ！ 古いアイデアを再利用できるなら，なぜわざわざ新しいアイデアを使う必要があるだろう？）まず，2 つの平方数の和 $x^2 + y^2$ をとり，$x^2 + y^2$ を割り切る 4 の倍数 + 3 の素数 p をとろう。ここでの目的は，$x^2 + y^2$ を素因数分解すると p が必̇ず̇偶数乗になるという事実を示すことだ。その事実が証明できれば，7×23 のように，4 の倍数 + 3 の素因数が 1 つでも奇数乗である数が，2 つの平方数の和として表せない理由が説明できるだろう。

　再びガウス整数の力を借りよう。（先ほどの議論を読んでいない方は

このあとの数段落を飛ばしたほうがいいだろう。または，数ページ前の議論を読み返してほしい。)

p はガウス整数の世界でも素数だろうか？ それとも因数分解が可能か？ 前述の5の例で見たとおり，もし面白い形の因数分解があるとすれば，なんらかの整数 a, b, c, d に対し $p=(a+bi)(c+di)$ と表すことができ，なおかつ $L(a+bi)$ と $L(c+di)$ はいずれも1ではない。また，$L(p)=p^2$ および $L(p)=L(a+bi)L(c+di)$ が成り立つので，$p=L(a+bi)=a^2+b^2$ となるはずだ。つまり，p は2つの平方数の和として表せる。しかし，数ページ前で見たとおり，p は4の倍数+3なので2つの平方数の和として表せない。よって p は，ガウス整数の世界では面白い形の因数分解が存在しえない。

さて，2つの平方数の和の話に戻ろう。x^2+y^2 は $(x+yi)(x-yi)$ と因数分解でき，なおかつ p で割り切れるとわかっている。しかし，p には面白い形の因数分解が存在しないので，p は $x+yi$ と $x-yi$ のいずれかを割り切れなければならない。少し考えれば，p が x と y の両方を割り切れなければならないとわかる。よって，なんらかの（通常の）整数 X と Y が存在して，$x=pX$ および $y=pY$ が成り立つので，2つの平方数の和 x^2+y^2 は $p^2(X^2+Y^2)$ と因数分解できる。こうして，p の偶数乗を抜き出すことに成功した。X^2+Y^2 がさらに p で割り切れるなら，同じ議論を繰り返して再び p^2 を抜き出すことができる。この作業を十分に繰り返せば，2つの平方数の和であって p で割り切れない項が残る。よって，元の2つの平方数の和を素因数分解したとき，p は偶数乗でなければならない。ひっくり返すと，素因数分解に p の奇数乗が存在するなら，その数は2つの平方数の和として表せない。

よって，次の定理が（おおむね）証明できた。

定理 正の整数 n の素因数分解において，4 の倍数＋3 の素数がすべて偶数乗されているとき，そしてそのときに限って，n は 2 つの平方数の和として表せる。

（「おおむね」と書いたのは，細かい説明を 1 つ 2 つ省略したからであって，途中でいい加減なことを言ったからではないのでおまちがえなく！）

別の言い方をすれば，ある数を 2 つの平方数の和として表せるかどうかを確かめる手軽な方法が得られた。好きな数を選び，素因数分解を行い，4 の倍数＋3 の素数を探し，それらがすべて偶数乗されているかどうかを確認すればよい。

たとえば，$68 = 2^2 \times 17$ と素因数分解できる。素因数に 4 の倍数＋3 の素数は 1 つもないので，68 は 2 つの平方数の和として表せる（たとえば，$68 = 8^2 + 2^2$）。

また，$98 = 2 \times 7^2$ と素因数分解できる。7 は 4 の倍数＋3 の素因数だが，偶数乗なのでセーフだ。98 は 2 つの平方数の和として表せる（実際，$98 = 7^2 + 7^2$）。

ところが，$99 = 3^2 \times 11$ の場合はどうだろう。3 と 11 はともに 4 の倍数＋3 の素因数で，3 のほうは偶数乗なので問題ないが，11 は偶数乗ではない。よって，99 は 2 つの平方数の和として表せ・ない・。

私にとっては，この結論（定理と，ある数が 2 つの平方数の和として表せるかどうかを判定する方法）自体も大満足だが，この結論に至るまでの旅もそれと同じくらい満足感がある。流し読みをしたみなさんも，この議論の雰囲気を少しだけ味わってもらえたとすればうれしい。

とりわけ，この議論は平方数のほうが素数よりもずっと理解しやすいことを浮き彫りにしている。どういう数が 2 つの平方数の和として表せるかを述べた定理は証明できるが，「2 よりも大きいすべ

ての偶数は2つの素数の和として表せる」という素数に関する主張（ゴールドバッハ予想）のほうは未解決のままだ。

　未解決問題といえば，忘れてはならないのが素数の間隔に関する研究だ。そちらの進捗を確かめてみよう。

13
2013年11月
大躍進

「幸運は心構えのできた者にこそ訪れる」とルイ・パスツールは1850年代に述べた。これはほかの分野と同様，数学にも当てはまる言葉だ。チャン・イータンが大発見を発表したとき，その重要性を真に理解する心構えのできた人物がひとりいた。その人物，ジェームズ・メイナードは，ロジャー・ヒース＝ブラウン（双子素数予想に関する1980年代の研究で第7章に登場した人物）の指導のもと，オックスフォード大学で博士研究を終えたばかりだった。その後，彼はモントリオール大学のポスドクとして，数論の第一人者アンドリュー・グランヴィルとともにしばらく研究を行っていた。大学院時代，メイナードは篩法も含めた解析的整数論の手法を学んだ経験があり，チャン・イータンの研究が発表された時点で，ゴールドストン，ピンツ，イルディリムの関連研究にかなり精通していた。そのため，チャンの上限値を改善するPolymathプロジェクトに参加していたほかの数学者たちと比べると，チャンの研究を理解して自分のものにするのにそう時間はかからなかった。

チャンの論文が発表されたとき，メイナードは失望してもおかしくなかっただろう。そう遠くない将来，一定間隔以下の素数の組が無数に存在することを彼自身の手で証明できていたかもしれない。彼はまちがいなく正しい問題に狙いをつけていたし，しかもその分野に多大な貢献を行っていたからだ。しかしむしろ，彼はチャンの研究が自分にとって利益になると感じていた。それまであまり日の

当たらなかった数学分野が一転して熱い話題となり，数論の専門家だけでなく一般の幅広い人々からも関心を集めるようになったからだ。この点はとても重要だ。善悪は別として，流行の研究分野に携わっている数学者はより高い注目を集める。さまざまな会議の講演者として招待される機会が増え，仕事や賞をもらえる可能性が高くなる。

素数の間隔に関する Polymath プロジェクトが始まったころには，メイナードはすでにチャンの研究を事細かに分析し，独自のアイデアを着々と発展させていた。数学界では，自分自身の研究に対してさまざまな考え方がある。興味をもった具体的な問題に挑むことで研究を進める数学者もいれば，一見すると別々な数学分野に共通の性質を見出し，その共通の性質を抽象化して新理論を確立しようとする数学者もいる。メイナードは，さまざまな手法やアプローチを探求し，その限界を理解しようとするのが自分の研究スタイルなのだと説明する。篩法の手法はどこまで通用するのか？ 彼は自分自身のアイデアを，ゴールドストン，ピンツ，イルディリムのアイデアやチャンのアイデアと組みあわせ，いったいどこまで行けるのか，その限界を確かめたいと考えた。彼は大発見ができるとは思っていなかったし，Polymath と競ってもいなかったが，Polymath の研究に貢献する何かを発見できるかもしれないとは思っていた。彼は大人数の共同研究に参加するよりも自分で研究を進めるタイプだったが，最新の状況を確かめるため，ときどき Polymath プロジェクトの進展を見守っていた。

そんな 2013 年秋，メイナードは自身のアイデアが思っていた以上にうまくいったことに気づいた。彼は Polymath を大きく上回る上限値を証明することに成功したのだ。ちょうど同じころ，彼はテレンス・タオが独自によく似たアイデアを思いついたことを知った。

素数定理を証明したアダマールとド・ラ・ヴァレ・プーサンの例でも見たように，こうした出来事は現実に起こる。そして，当事者にとってはトラブルの種にもなる。微積分発見の先取権をめぐるニュートンとライプニッツの論争は今や伝説になっている。しかし今回の場合，メイナードの指導教授でありタオの知り合いでもあるアンドリュー・グランヴィルの仲介で，巧みな交渉が行われた。その結果，メイナードが論文を発表し，タオが独立に同様の結果を証明したという事実を論文内でしっかりと認めること，そしてタオが自身のブログで研究成果を説明することで双方が同意した。それはタオのほうが道を譲った形だった（彼が別個に論文を執筆することもできただろう）。おそらく，数学者としてすでに名声を築いていたタオよりも，駆け出しのメイナードにとってのほうが，今回の実績がプラスになるという判断だったのかもしれない。加えて，メイナードの議論から弾き出された上限値のほうがタオより優れていたという面もある。

両論文（メイナードのarXiv上の論文とタオのブログ記事）は，チャン・イータンの最初の発表からわずか数カ月後の2013年11月19日に発表された。お決まりのごとく，発見の知らせはその前から広まっていた。10月18日，タオは自身のブログのPolymathスレッドにコメントを投稿し，メイナードが記録を更新しそうだという噂がある，とほのめかしていた。だが，その段階では暫定的な発表にすぎなかった。

> これは完全なる計算作業であり，確認が必要だ。詳細はまだまとめられておらず，おそらく発表されるのは数週間先になるだろう。

数日後の10月23日，メイナードが700という上限値（つまり差が

700以下の素数の組は無数に存在すること)をついに証明したという知らせがオーバーヴォルファッハから Polymath に届こうとしていた。数学者からその略称で呼ばれているオーバーヴォルファッハ数学研究所は，ドイツのシュヴァルツヴァルト(＝黒い森)にひっそりとたたずむ有名な国際数学研究所であり，世界の第一人者たちが互いの研究について話を聞き，国際的な共同研究を行うため，短期集中型のワークショップに招かれる。メイナードは一流の専門家や新進気鋭の研究者たちとともに解析的整数論のワークショップに参加するため，オーバーヴォルファッハに来ていた。彼の発表はその週に行われる数多くの発表の1つにすぎなかった。

メイナードの記録更新の噂が広まると，Polymath の参加者たちは彼の発表に注目した。彼はいったい何を成し遂げたのか？ 噂によれば，彼の上限値はかなりすばらしく，おまけに彼の議論は以前のものと比べてシンプルだという。Polymath の参加者のひとり，ハンガリーの数学者ゲルゲイ・ハルツォシュは，タオのブログにこうコメントした。

> まったく興奮ものだよ。証明がシンプルになると同時に，結果がいっそう強力になるのは，いつだってよい兆候だ。

メイナードの研究の噂が広まったのは，Polymath の参加者たちが学術誌に提出する論文を執筆している最中だったので，当然ながら彼らのあいだで議論が巻き起こった。もはや自分たちの研究が世界最高記録でなくなった以上，これからどうするのが最善だろう？ それでも，Polymath の研究には公表すべき面白いアイデアがいくつか含まれていたので，正式な論文を書くことは依然として重要だった。こうして，メイナードとタオがそれぞれの研究をオンライン

に発表するまでの数週間，論文の執筆は続けられた。

メイナードとタオはいったい何を証明したのか？ 驚くべきことに，ふたりはチャン・イータンとPolymathの研究に関して2種類の改善を成し遂げた。

1つ目に，メイナードはPolymathの4,680という上限値を改善し，差が600以下の素数の組は無数に存在することを証明した。繰り返そう。チャン・イータンが初めて70,000,000という有限の上限値を得て大躍進を遂げてからものの数カ月で，メイナードはその値を600まで縮めてみせたのだ。

2つ目に，メイナードとタオは，隣りあった素数だけでなくほかの素数どうしの間隔についても一定の結論を導き，密集する素数の小さなかたまりが存在することを保証した。双子素数予想を別の形で言い換えると，「2つ以上（実際にはちょうど2つ）の素数を含む長さ2の区間は無数に存在する」となるだろう。たとえば，17から19までの区間は，両端を含めると，長さが2で2つの素数を含む。このことを表す標準的な表記がある。各数mに対し，$m+1$個以上の素数を含む長さH_mの区間が無数に存在するような最小の数をH_mと定義する（そのようなH_mが存在する場合）。たとえば，双子素数予想は$H_1=2$という予想であり，Polymathは$H_1 \leq 4,680$が成り立つことを証明した。H_mが有限であることがわかれば，密集した$m+1$個の素数のかたまりが無数に存在することが保証される。

驚いたことに，メイナードとタオはすべての数mについてH_mが有限であることを初めて証明した。メイナードの上限値はタオよりもわずかによく，mに依存する式として表されるが，技術的な理由から実際の数値を書き出すのはあまり都合がよくない。これはチャン・イータンと同じような大躍進だった。重要なのは導き出された具体的な数値ではなく，有限の数値が存在すると保証されたこ

となのだ。たとえば、3個以上の素数を含む有限の長さの区間が必ず無数に存在するわけだ。考えてみると驚きとしかいいようがない。2個の素数だけでなく、3個、あるいはそれ以上の素数が固まっている区間があるというのだから。もちろん、対象となる素数の個数が増えるにしたがって、区間の長さも増加していくわけだが。

ふたりはチャンの複雑な手法を回避し、ゴールドストン、ピンツ、イルディリムの研究へと回帰した。ふたりはゴールドストン、ピンツ、イルディリムが仮定した未証明のエリオット゠ハルバースタム予想に頼らなくても、彼らのアイデアを改良して素数の間隔に関する有限性を証明できることに気づいた。チャンは、素数の分布に関するエリオット゠ハルバースタム予想よりも弱い命題を利用できることを証明すると同時に、その弱い命題自体を証明することで、ゴールドストン、ピンツ、イルディリムの研究を改善した。メイナードとタオはそうした議論をすべて回避し、ゴールドストン、ピンツ、イルディリムの従来の篩へと回帰し、ボンビエリ゠ヴィノグラードフの定理(第10章で紹介したとおり、すでに証明されているエリオット゠ハルバースタム予想の弱い形)のみに基づき、優秀な上限値をじかに生み出すことのできる柔軟な篩を構築した。加えて、ふたりは同じ手法を用いてチャンとPolymathの上限値を改善することに成功した。タオが得た上限値はメイナードに少し及ばなかったものの、手法そのものは似ていた。

第7章で見たように、チャンは適当な大きさk_0の許容集合(k_0個の穴をもつパンチカード)が与えられると、穴から見えている数に少なくとも2つの素数が含まれるような集合が無数に存在することを証明した。チャンは$k_0 = 3,500,000$という値をとることに成功し、Polymathがこの値を632までじりじりと引き下げていった。メイナードの手法では$k_0 = 105$という値をとることができた。このころ

になると，マサチューセッツ工科大学の数学者アンドリュー・サザーランドが管理する許容集合のオンライン・ライブラリーができあがっており，トーマス・エンゲルスマは 2013 年 6 月 27 日に大きさ 105 の許容集合を提出した（彼は，今回の Polymath プロジェクトが始まる数年前から許容集合の具体例を実験的に探してきたある種の専門家である）。メイナードが論文で用いたのはこの許容集合だ。具体的に書き出すとこうなる。

{0, 10, 12, 24, 28, 30, 34, 42, 48, 52, 54, 64, 70, 72, 78, 82, 90, 94, 100, 112, 114, 118, 120, 124, 132, 138, 148, 154, 168, 174, 178, 180, 184, 190, 192, 202, 204, 208, 220, 222, 232, 234, 250, 252, 258, 262, 264, 268, 280, 288, 294, 300, 310, 322, 324, 328, 330, 334, 342, 352, 358, 360, 364, 372, 378, 384, 390, 394, 400, 402, 408, 412, 418, 420, 430, 432, 442, 444, 450, 454, 462, 468, 472, 478, 484, 490, 492, 498, 504, 510, 528, 532, 534, 538, 544, 558, 562, 570, 574, 580, 582, 588, 594, 598, 600}

この許容集合をここにわざわざ書き出したのはなぜか？　出版社を怒らせる心配なく書き出せるくらい元の個数が少なく，なおかつ小さな数ばかりで構成されている集合だということを読者のみなさんにわかってもらうためだ。この集合は，チャンの最初の上限値（その許容集合はとうてい書き出す気にもならない）がどれだけ劇的に改善されたかを物語っている。メイナードの上限値で重要なのは，集合の幅が 600 だという点だ。メイナードの定理が示すとおり，この許容集合からパンチカードをつくれば，穴から見えている数の少なくとも 2 つが素数であるようなパンチカードの配置は無数に存在することがわかる。そして，この集合の幅は 600 なので，その 2 つの素数は最大でも 600 しか離れていないはずだ。

これに加えて，先ほども少し触れたとおり，メイナードとタオの

新たな篩法のアプローチにはそれ以上の成果もある。短い区間に存在する3つ以上の素数についても重要な事実を教えてくれるからだ。彼らの篩法の議論では，素数の分布に関するある事実を用いる。ふたりは，素数が任意の $\theta < \frac{1}{2}$ に対して「分布レベル θ」をもつというボンビエリ＝ヴィノグラードフの定理のみを利用することに成功し，メイナードはこの事実から素数の組に関して600という上限値を導き出した。しかし，それ以上のこと（つまり，現時点で未証明の命題）を仮定すると，上限値はさらに改善される。素数が任意の $\theta < 1$ に対して分布レベル θ をもつというエリオット＝ハルバースタム予想を仮定すると，差が12以下の素数の組は無数に存在すること，そして1つ目と3つ目の数の差が600以下の素数の3つ組が無数に存在することを証明できる。びっくりだ！ もういちど言おう。メイナードの研究により，エリオット＝ハルバースタム予想を仮定すると，差が12以下の素数の組は無数に存在することが証明されるのだ。

メイナードは大学院生時代から頭角を現していたが，ポスドク1年目で成し遂げたこの研究を通じて，その潜在能力を驚くべき形で発揮してみせた。モントリオール大学に所属して以降，メイナードはオックスフォード大学モードリン・カレッジの特別研究員となり，2014年には「天才数学者シュリニヴァーサ・ラマヌジャンの影響を受けた数学分野に並外れた貢献を行った若手数学者」に贈られるSASTRAラマヌジャン賞を受賞する。2015年にはロンドン数学会からホワイトヘッド賞を受賞し，2015年7月からはクレイ数学研究所の研究員を務めている。数学界はすぐさまメイナードの研究の重要性を認めた。それは彼の導き出した結果が優れていたからだけでなく，彼のアイデアがさらなる躍進につながる可能性を秘めていたからでもある。

メイナードとタオの新しいアイデアに刺激を受け，ずっと素数の間隔の問題に取り組んでいた Polymath の参加者たちはプロジェクトを復活させた。今回の大躍進を土台にして，いっそうの前進を図れないだろうか？　こうして，再び双子素数予想とのギャップが縮められていくことになる……。

14
一般化

これまでかなりの時間をかけ，2つの平方数の和として表せる数と表せない数について考察してきた。この疑問の答えがわかったところで，次は関連するほかの疑問について考えるのが自然だろう。ここまでの研究成果を一般化できないか？

3つ以上の平方数の和

考えられる方向性の1つはこうだ。これまでは，いろいろな数を2つの平方数の和として表すことを考えた。では，3つの平方数の和ではどうだろう？ 3つもあれば和として表せる数の集合はかなり広がりそうだが，そうした数について何か法則を導き出せるだろうか？ たとえば，6は2つの平方数の和としては表せないが，3つの平方数の和としてなら表せる（$6 = 2^2 + 1^2 + 1^2$）。ここでは0も平方数に含めているので，2つの平方数の和で表せる数はそのまま自動的に3つの平方数の和でも表せる。よって，3つの平方数の和として表せる数の集合は2つの場合よりも確かに大きくなる。その様子を8列の表にして見てみよう（図14.1）。濃い灰色は2つの平方数の和で表せる数であり，うすい灰色は2つの平方数の和で表せないが3つの平方数の和では表せる数だ。

今回もやはり，この表には興味深いパターンがいくつか見られる。真っ先に目につくのは，3つ目の平方数の使用を認めると，和で表せる数が一気に増えるという点だ。表内にはうすい灰色の数がたく

1	2	3	4	5	6	7	8
9	10	11	12	13	14	15	16
17	18	19	20	21	22	23	24
25	26	27	28	29	30	31	32
33	34	35	36	37	38	39	40
41	42	43	44	45	46	47	48
49	50	51	52	53	54	55	56
57	58	59	60	61	62	63	64
65	66	67	68	69	70	71	72
73	74	75	76	77	78	79	80
81	82	83	84	85	86	87	88
89	90	91	92	93	94	95	96
97	98	99	100				

図 14.1　濃い灰色は 2 つの平方数の和として表せる数，うすい灰色は 2 つの平方数の和としては表せないが 3 つの平方数の和として表せる数

さんある。それでも，3 つの平方数の和として表せない数もまだまだ残っている。

特に，7 の列には色つきの数がまったくないように見える。100 以下の数を見るかぎり，8 の倍数 + 7 の数で 3 つの平方数の和として表せるものは 1 つもない。このパターンはこのあとも続くだろうか？

幸い，基本的な考え方はすでにできあがっている。第 12 章で見たとおり，すべての平方数は 8 の倍数，8 の倍数 + 1，8 の倍数 + 4 のいずれかだ。このなかの 3 つを足しあわせると何が得られるだろうか？　さらにいえば，何が得られないだろう？

少し考えれば，7 以外の余りには到達できることがわかる。だが，0, 1, 4 をどういう組み合わせで 3 つ足しあわせても 7 にはならない。よって，先ほどの表の 7 の列は完全に真っ白になる。8 の倍数 + 7 の数は決して 3 つの平方数の和としては表せないのだ。

合同算術

この「余りについて考える」という議論はとても役立つことがわかる。実際，これまでにも何回か用いた。あまりにも役立つので，数学者は余りについて考察するための用語や表記を発明した。毎回「8の倍数＋1」のような書き方をするのは，頻繁に書くには少し不便だからだ。この余りに着目する考え方を**合同算術**と呼ぶ。本書でこれまでに論じてきた考え方を記述する合同算術の表記について，簡単に説明しておこう。以下の6つの文章は，同じ内容を言い換えたものだ。

- 123 と 51 を 8 で割った余りは等しい。
- 123 は 8 の倍数より 51 大きい。
- 整数 n が存在して $123 = 51 + 8n$ が成り立つ。
- $123 - 51$ は 8 で割り切れる。
- 8 は $123 - 51$ を割り切る。
- 123 と 51 は 8 を法として合同。式で書くと $123 \equiv 51 \pmod{8}$。

記号 $\equiv$ は等号 $=$ と似ているが，横線が 2 本ではなく 3 本ある。$\equiv$ は「〜と合同」という意味で，たとえば $123 \equiv 51 \pmod{8}$ なら，「123 は 8 を法として 51 と合同」などと読む。

同じ内容を表すのにこれほど多くの書き方があるのは少し厄介だと思うかもしれないが，数学ではいくつもの表現方法を切り替えられると非常に便利なことが多い。視点の切り替えが，問題で前進を遂げるキーポイントになることもあるのだ。

法 n を用いる場合，n で割った余りに着目しようとしているので，$\equiv$ の右側に来る数は $0, 1, 2, \ldots, n-1$ のいずれかであるケースが多

いのだが，それはルールではない点に注意してほしい。だからこそ，私は先ほどの例で51を用いたのだ。合同記号≡の右側に来る数は必ず法より小さくなければならないと勘違いする学生もいるが，それは正しくない。先ほどの式に加えて，$123 \equiv 3 \pmod 8$，$51 \equiv 3 \pmod 8$，$123 \equiv -5 \pmod 8$，$123 \equiv -37 \pmod 8$，いずれも正しい。

ちょっとした代数を使えば（ここには記さないが，ぜひみなさん自身で考えてみてほしい），足し算，引き算，掛け算はみな合同算術にうまくなじむことがわかる。たとえば，$a \equiv b \pmod n$ かつ $c \equiv d \pmod n$ なら，$a+c \equiv b+d \pmod n$，$a-c \equiv b-d \pmod n$，$ac \equiv bd \pmod n$ も成り立つ。たとえば，$123 \equiv 3 \pmod 8$ が成り立つので，$123^2 \equiv 3^2 \equiv 1 \pmod 8$ も成り立つ。この結果を導き出すのに 123^2 の具体的な値を計算する必要がないという点に注目してほしい。ただし，合同算術で割り算を使うのはたいへん危険であり，細心の注意が必要だ。（そもそも，合同算術とは整数に関する算術だ。しかし，整数を別の整数で割ったら整数になるとはかぎらない。）合同算術の割り算についてはいろいろと面白い性質があるのだが，本書では必要ないので，寄り道は我慢することにしよう。

続・3つの平方数の和

さて，合同算術の表記を使うと，先ほどの3つの平方数の和に関する議論はどうなるだろうか？

8を法とした場合，すべての数は 0, 1, 2, 3, 4, 5, 6, 7（8で割った余り）のいずれかと合同になる。では，平方数は8を法として何と合同になるだろうか？ それを計算するには，単純に先ほどの8つの数を平方すればよい。計算すると，

$$0^2 \equiv 0 \pmod 8$$
$$1^2 \equiv 1 \pmod 8$$
$$2^2 \equiv 4 \pmod 8$$
$$3^2 \equiv 1 \pmod 8$$
$$4^2 \equiv 0 \pmod 8$$
$$5^2 \equiv 1 \pmod 8$$
$$6^2 \equiv 4 \pmod 8$$
$$7^2 \equiv 1 \pmod 8$$

となる。よって，平方数を 8 で割った余りは 0, 1, 4 のいずれかになる。（もちろん，この結果はすでに説明したとおりだ。それを合同算術の表記を使って書き直したにすぎない。）

ここで，8 を法として，3 つの平方数の和について考えてみよう。0, 1, 4 をどういう組みあわせで 3 つ足しあわせても 7 にはならないので，a, b, c を 0, 1, 4 のいずれかだとした場合，$a+b+c \equiv 7 \pmod 8$ の解は存在しない。よって，$x^2+y^2+z^2 \equiv 7 \pmod 8$ を満たす整数 x, y, z は存在しない。つまり，ある数が 8 を法として 7 と合同だとすれば，その数は 3 つの平方数の和として表せないということだ。（ただし，ある数が 8 を法として 7 と合同でないからといって，その数が 3 つの平方数の和として表せるとは˙か˙ぎ˙ら˙な˙い˙ので注意。8 を法として 7 と合同な数はすべて除外されるだけの話だ。）

これは先ほどの議論を少しコンパクトに表現しただけだ。より複雑な議論では，合同算術の威力がいっそう顕著になる。合同算術は大学レベル以降では欠かせないツールだ。

先ほどの表に戻ろう。7 の列が真っ白であることは裏づけられた。ほかの列は？ 空白はほかにも少しある。その数については何が言えるだろう？ 具体的には，28, 60, 92 だ。よくよく見てみると，こ

れらは 7 の列の最初の 3 つの数字を 4 倍したものであることに気づく。「数学に偶然などない」というのが私の数学観の 1 つだ。7 の列とこういう関係があるというのは，決して偶然ではありえない。何か面白いパターンが潜んでいるというサインにちがいない。

　2 つの平方数の和の場合，その形で表せる数とそうでない数を分類する美しい定理が見つかった。3 つの平方数の和についても，同じような法則が導き出せる。ただし，その証明は厄介なのでここでは省略する。

定理　ある正の整数は，整数 a と b を用いて $4^a(8b+7)$ という形で表せ̇な̇い̇と̇き̇，そしてそのときに限って，3 つの平方数の和として表せる。

　この定理から，ダメな数，つまり 3 つの平方数の和として表せない数は，7 の列にある数，7 の列にある数に 4 を掛けた数，7 の列にある数に 4^2 を掛けた数，そして一般的に 7 の列にある数に 4 の累乗を掛けた数だとわかる。このことから，なんと私たちが 100 までの数を見て立てた予測は正しくないことがわかる。たとえば，240 はこの形をしているので（240＝4^2×15 であり，15 は 7 の列にある），3 つの平方数の和として表せないが，240 は表のいちばん右側の 8 の列にある。100 までの表を見るかぎり，240 も 3 つの平方数の和として表せるだろうと推測していたとしてもおかしくはない。

　この形の数（7 の列にある数の 4 の累乗倍）が 3 つの平方数の和として表せないことを証明するのは，先ほどの 8 を法とした議論を使えばさほど難しくない（実際，一部の数についてはすでに議論しているので，あとはその議論を一般化すればよい）。難しいのは，残りの数がすべて 3 つの平方数の和として表せ̇る̇ことの証明だ。ここでは，その証明

については詳しく説明しないことにする。

4つの平方数の和

先に進もう。2つの平方数の和，3つの平方数の和は興味深かったが，4つの平方数の和はどうだろう？ 図 14.2 に示してみた。今回は，濃い灰色が3つの平方数の和として表せる数，うすい灰色が3つの平方数の和としては表せないが4つの平方数の和として表せる数だ。

1	2	3	4	5	6	7	8
9	10	11	12	13	14	15	16
17	18	19	20	21	22	23	24
25	26	27	28	29	30	31	32
33	34	35	36	37	38	39	40
41	42	43	44	45	46	47	48
49	50	51	52	53	54	55	56
57	58	59	60	61	62	63	64
65	66	67	68	69	70	71	72
73	74	75	76	77	78	79	80
81	82	83	84	85	86	87	88
89	90	91	92	93	94	95	96
97	98	99	100				

図 14.2　濃い灰色は3つの平方数の和として表せる数，うすい灰色は3つの平方数の和としては表せないが4つの平方数の和として表せる数

なんと，すべての空白が埋まったではないか！ 100 までのすべての数は4つの平方数の和として表せる。しかし，当然それは小さい数だからいえることで，**すべて**の数について成り立つわけがないのでは？ この表に関していうと，わかってみればこの結果はそう意外でもない。というのも，3つの平方数の和として表せる数の表で空白だった数は，どれも3つの平方数の和として表せる数の1つ

右隣にあったからだ。よって，1つ手前の3つの平方数の和で表せる数に1^2を足せば，その数に到達できるわけだ。しかし，このパターンはずっと続くのだろうか？

実はびっくりすることに，このパターンは小さな数の単なる気まぐれではない。第4章で少しだけ登場したソフィ・ジェルマンの文通相手で支援者のジョゼフ＝ルイ・ラグランジュ（1736～1813）が，驚くべき定理を発見した。

定理（ラグランジュ） すべての正の整数は4つの平方数の和で表せる。

以上。す・べ・て・の・正の整数だ。例外はない。私が初めてこの定理を知ったのはかなり昔だが，今でもこれが成り立つと思うと感動で胸がいっぱいになる。

実は，3つの平方数の和に関する定理が証明できれば，4つの平方数の和に関する結果を導き出すのはそう難しくない。むしろ，3つの平方数の和に関する定理を証明するよりも易しいくらいだ。なので，ラグランジュの定理を証明したければ，直接証明するのがいちばん手っ取り早い。

その重要な理由の1つは，2つの平方数の和に潜んでいる。2つの平方数の和に関する議論の肝心な部分を覚えているだろうか？ 2つの平方数の和として表せる数どうしを掛けあわせると，その積もまた2つの平方数の和として表せるという性質だ。うれしいことに，4つの平方数の和についても同じ性質が成り立つ。この性質は議論を進めるうえで便利なステップになる（つまり，すべての素数が4つの平方数の和として表せることさえ示せば，議論は完結する）。だが，この性質は3つの平方数の和については成り立たない。表に戻って反例

を探してみよう。たとえば，$3=1^2+1^2+1^2$，$5=2^2+1^2+0^2$ なので，いずれも 3 つの平方数の和として表せるが，$3×5(=15)$ はどうしても 3 つの平方数の和として表せない。

では，なぜ 4 つの平方数の和では成り立つのか？ 2 つの平方数の和の場合，シンプルながらもすんなりとは納得できない代数的根拠がある。だが，その背後には深い理由があった。4 つの平方数の和にもそれと似たような恒等式があり，すべての a, b, c, d, x, y, z, w について，

$$(a^2+b^2+c^2+d^2)(x^2+y^2+z^2+w^2)$$

が

$$(ax-by-cz-dw)^2+(bx+ay-dz+cw)^2+(cx+dy+az-bw)^2+(dx-cy+bz+aw)^2$$

と等しくなる。

確かにこの等式は正しいのだが，笑ってしまうくらい味気ない。(数学は数式がすべてではない。その数式の背景にある推論を学ぶことも大事だ。) 2 つの平方数の和の場合，背景には複素数の存在があった。今回は，19 世紀半ばにアイルランドの数学者ウィリアム・ローワン・ハミルトン (1805〜1865) によって初めて研究された**四元数**と呼ばれる複素数の一般化を用いる。話によると，彼はダブリンを散歩中に四元数のアイデアをひらめき，興奮のあまり渡ろうとしていた石橋に四元数の説明を刻みつけたという。数学の落書きという珍しい例だ！

複素数は $a+bi$ という形で表される。ここで a と b は実数であり，i は $i^2=-1$ という性質をもつ。

一方，四元数は $a+bi+cj+dk$ という形で表される。ここで，a, b, c, d は実数であり，i, j, k は $i^2=j^2=k^2=ijk=-1$ という性質をも

つ。i, j, k とはいったい何物なのか？ その正体はきっぱりと無視して、ふるまいだけに着目するのがコツだ。i, j, k のふるまいは $i^2 = j^2 = k^2 = ijk = -1$ という性質によって規定される。

たとえば、ij はどうなるだろう？ $ijk = -1$ が成り立つので、両辺に k を掛けると $ijk^2 = -k$ となる。しかし、$k^2 = -1$ なので、$-ij = -k$ となる。よって、$ij = k$ が成り立つ。

四元数には注意が必要だ。四元数は私たちの期待どおりにはふるまわないからだ。たとえば、$ij = k$ がわかったところで、ji について何がいえるのか調べてみよう。

$j^2 = -1$ なので、$ji = -jij^2 = -j(ij)j = -jkj$ が成り立つ（$ij=k$ より）。

また、$ijk = -1$ なので、両辺に i を掛けると $i^2 jk = -i$ が得られる。よって $jk = i$ が成り立つ（$i^2 = -1$ より）。1つ前の段落の式を用いると、$ji = -(jk)j = -ij = -k$ となる。

奇妙ではないだろうか？ つまり、掛け算の順序が意味をもつのだ。実際に計算をしなくても、$789 \times 456 = 456 \times 789$ が成り立つことはわかる。これを数学用語では「掛け算は**可換**である」という。しかし四元数の世界では、このおなじみの心強い性質はもはや成り立たない。そこは上下逆さまの世界であり、細心の注意が必要なのだ。特に、先ほど「k を掛ける」と言ったところでは、正しくは「右から k を掛ける」（つまり $k \times$ ではなく $\times k$）と言うべきだった。「両辺に i を掛ける」と言ったところでは、正しくは「両辺に左から i を掛ける」と言うべきだった。

そういうわけで、四元数はかっこよくて、刺激的で、少しだけ妙な存在だ。その四元数が4つの平方数の和とどう関係しているのか？ 複素数 $a + bi$ に対して量 $a^2 + b^2$（長さの2乗）を割り当てられるのと同様、四元数 $a + bi + cj + dk$ に対しても量 $a^2 + b^2 + c^2 + d^2$ を割り当てられる。つまり、先ほどの等式は2つの四元数どうしを掛け

あわせるとどうなるかを示している。そこで、私は複素数の例にならって（ちなみに、これは数学の常套手段だ。前例に適当な修正を施して、次の問題に応用できないかを探るのだ）、2つの四元数を掛けあわせ、その積を4つの平方数の和として表すことで、先ほどの等式を導き出した。その意味を説明しよう。まず、2つの四元数 $a+bi+cj+dk$ と $x+yi+zj+wk$ をとり、掛けあわせる。途中で、先ほどの $i^2=j^2=k^2=ijk=-1$, $ij=k$, $ji=-k$ といった法則や、同様に $jk=i$, $kj=-i$, $ki=j$, $ik=-j$ などの法則を用いれば、式を単純化できる。その結果、積は次のようになる（私の言葉をうのみにするのではなく、みなさん自身でも計算してみてほしい）。

$(ax-by-cz-dw)+(bx+ay-dz+cw)i+(cx+dy+az-bw)j+(dx-cy+bz+aw)k$

これが先ほどの恒等式の発想のもとになったのだ。先ほど示した4つの平方数の和に関する恒等式の両辺を展開して、両辺が本当に等しくなるかどうかを確かめてほしい。

この結果が証明されれば、あとはすべての素数が4つの平方数の和で表せることを示すだけで十分だ。なぜなら、1より大きな整数については、その素因数分解を考え、すべての素数が4つの平方数の和として表せるという事実と、4つの平方数の和どうしを掛けあわせるとその積もまた4つの平方数の和として表せるという事実を用いればよいからだ。すべての素数が4つの平方数の和で表せるという命題を証明するのは少々厄介なので、ここでは詳しく述べない。ここでは、すべての素数が4つの平方数の和として表せるなら、1よりも大きい・す・べ・て・の整数が4つの平方数の和として表せることを、4つの平方数の和の積に関する先ほどの議論と組みあわせて例証してみよう。

たとえば、247を4つの平方数の和で表すことを考えてみよう。

247は十分に小さい数なので，しらみつぶしで4つの平方数を見つけることもできるが，それはこれまで説明してきた考え方を例示するという目的に反するだろう。

247を素因数分解すると13×19なので，この2つの素数に着目しよう。$13 = 3^2 + 2^2 + 0^2 + 0^2$，$19 = 4^2 + 1^2 + 1^2 + 1^2$と表せる。前述の恒等式を使えば，4つの平方数の和どうしの積もまた4つの平方数の和として表せることがわかる。実際，

$$(3^2 + 2^2 + 0^2 + 0^2)(4^2 + 1^2 + 1^2 + 1^2) = (12 - 2)^2 + (8 + 3)^2 + (3 - 2)^2 + (2 + 3)^2$$
$$= 10^2 + 11^2 + 1^2 + 5^2$$

が成り立つ。よって，$247 = 10^2 + 11^2 + 1^2 + 5^2$と表せる。

四元数は数学的に興味深いだけでなく，4つの平方数の和に関する便利な恒等式を導き出すのにも役立った。だが，四元数は単なるおもちゃではない。実は，そのほかの数学分野も含めたさまざまな応用に大きく役立つのだ。特に，回転を表現するのにかなり有効なので，物理学やコンピューター・グラフィックスなどの分野でも用いられている。

別の一般化

本章では，足しあわせる平方数の個数を徐々に増やしていく戦略をとってきた。まずは2つの平方数の和から始め，次に3つの平方数の和，そして4つの平方数の和を考えた。しかし，すべての正の整数は4つの平方数の和で表せるというラグランジュの定理をもって，このゲームは終了を迎えた。「5つの平方数の和として表せる数は？」という疑問について考えるのは，恐ろしくつまらない。その答えは明らかに「すべての数」だからだ。

では，次はどうしよう？ 平方数の問題は無事解決した。では，

それより大きな次数については？（ピタゴラスの方程式 $a^2+b^2=c^2$ の整数解に関するディオファントスの記述を見たフェルマーも，同じようなことを考えた。2乗をより大きな次数に置き換えたらどうなるか？）ここで私が取り組みたい問題は，ラグランジュの定理の一般化だ。すべての正の整数が4つの平方数の和で表せることはわかった。立方数についても似たような結果が成り立つのか？　おそらく，その結果は「すべての正の整数は＿＿個の立方数の和として表せる」という形式になるだろう。この＿＿に入る適切な数を見つけなければならない。さらに，4乗数以上についてはどうなるだろうか？

　これらの疑問について考察したのが，18世紀のケンブリッジ大学の数学者エドワード・ウェアリング（1736～1798）だ。ウェアリングは代数学や数論のさまざまな問題に取り組み，重要なアイデアを数多く提唱したが，彼の記述はあいまいなところが多かったため，数学者たちからしかるべき注目を得られなかったようだ。余談だが，ウェアリングと私たちの追っている素数の物語には面白い関係がある。彼はいわゆるゴールドバッハ予想も提唱している。ゴールドバッハが「2より大きいすべての偶数は2つの素数の和として表せる」という有名な予想をしたのはウェアリングより前だったが，予想を述べたのはオイラーへの手紙のなかだった。しかし，この予想を本のなかで提唱したのはウェアリングが初めてだった。

　いずれにせよ，現在ウェアリングは**ウェアリングの問題**でもっともよく名が知られている。彼はラグランジュの定理をより高次へと一般化しようとした。彼の主張はこうだ。

　　すべての整数は9個以下の立方数の和と等しい。また，すべての整数は19個以下の4乗数の和と等しい。以下同様。

だが，彼はその証明を載せなかったため，この命題が正しいことを証明する試みはウェアリングの問題と呼ばれるようになった。

　しかし，ウェアリングの予想の証明方法について考える前に，その意味をもう少し詳しく理解しておく必要があるだろう。彼はすべての（正の）整数を9個の立方数の和として表せると主張している。（彼は「以下の」と述べているが，本書では $0^3=0$ も立方数に含めているのでこの文言は省略できる。たとえば，$5=1^3+1^3+1^3+1^3+1^3$ と5個の立方数の和で表せるので，本書の解釈では9個の立方数の和としても表せることになる。）これは単純明快な予想だ。同様に，彼はすべての（正の）整数を19個の4乗数の和として表せると主張している。ここまではいいだろう。困るのは「以下同様」という部分だ。ずいぶんとあいまいな表現だ！　いったいどういう意味だろう？

　この言葉の解釈は次のとおりだ。まず，ある次数，たとえば k 乗に注目する。（文字よりも数字がお好きな方は，以下の議論で k 乗を7乗などに置き換えて読んでいただきたい。）このとき，すべての正の整数を s 個の k 乗数の和として表せるような，k に依存する数 s が存在するというのが彼の主張だ。

　たとえば，ラグランジュの定理により，平方数（$k=2$）の場合には $s=4$ をとることができる。すべての正の整数は4個の平方数の和として表せるからだ。ウェアリングは立方数（$k=3$）の場合に $s=9$，4乗数（$k=4$）の場合に $s=19$ が成り立つと予想したわけだが，より一般的に，すべての次数 k に対してなんらかの数 s が見つかると彼は主張している。彼はその数を導き出す一般則を予想したわけではなく，その数が必ず存在することを予想したにすぎない。

　数論ではありがちなことだが，ウェアリングの問題は一見すると単純でも実際にはものすごく難しい。だが，この問題はすでに解決している。1909年，ドイツの高名な数学者ダフィット・ヒルベル

ト(1862〜1943)がこの問題を解決した。彼はウェアリングの予想が正しいことを証明した。つまり、任意のkに対してkに依存する数sが存在し、すべての正の整数をs個のk乗数の和として表せることを証明したのだ。一件落着だ。

だが、それで終わりではなかった。最初の証明はウェアリングの命題が正しいことを証明するうえでは重要だったが、その後の議論もそれに劣らず重要だということがわかったのだ。こういうことは数学の世界ではしょっちゅう起こる。1920年代、第6章で少しだけ登場したG. H. ハーディとJ. E. リトルウッドは、この種の問題に対処するまったく新しい手法を確立した。現在、ハーディ゠リトルウッドの円周法と呼ばれている手法だ。円周法は、ウェアリングの問題に新たな理解をもたらすという点と、ほかのさまざまな問題に応用が利くという点、その両面で重要な意味をもつ。

ハーディ゠リトルウッドの円周法

ハーディ゠リトルウッドの円周法の興味深い特徴の1つは、その意外な成功要因だ。ウェアリングの問題よりも難解な問題を解こうとすることで、ウェアリングの問題を解くのが簡単になるのだ。これは私が面白いと思う数学の現象の1つだ。ある問題よりも難しい問題を解こうとすると、その過程でどういうわけか元の問題を解くのがラクになるケースがあるのだ。ウェアリングの問題の場合はどういうことか？ 本来の目標は、ある固定された数kに対し、すべての正の整数をs個のk乗数の和として表せるような数sの存在を証明することだ。ところが、ハーディとリトルウッドはもっと大きな目標を掲げた。彼らは適当な数sをとればすべての数がs個のk乗数の和として表せることを証明するのでなく、和の表し方の個数を数えようとした。そうすれば、その個数が常に1以上であること

を証明するだけで、ウェアリングの問題が解けたことになる。

ハーディとリトルウッドは、表し方の個数を示す厳密な数式を導き出したわけではない。それはあまりにも無謀な目標だ。代わりに、彼らはある**漸近公式**を導き出した。この近似式には2つの重要な特徴がある。1つ目に、それは近似式とはいえ誤差項がついているので、その式が実際の値からどれだけ離れうるのかを非常に正確に測定できる。2つ目に、考える数が巨大になればなるほど、近似はどんどん正確になっていく。たとえば、1,000という数をk乗数の和で表す方法が何通りあるかを知りたければ、コンピューターを使って全通りをしらみつぶしに数えるのが手っ取り早い。しかし、超巨大な数をk乗数の和で表す方法が何通りあるかを知りたければ、ハーディ=リトルウッドの漸近公式がかなり近い答えを教えてくれるのだ。

漸近公式

ここで、その漸近公式がどういうものなのかを示し、少しだけ読み解いてみたいと思う。ちょっとした遊び目的なので、どうか怖がらないでほしい。

定理(ハーディ=リトルウッド) $k \geqq 2$を固定する。$s \geqq 2^k + 1$ならば、固定されたある$\delta > 0$に対し、方程式$N = x_1{}^k + x_2{}^k + \ldots + x_s{}^k$の解の個数は

$$\frac{\Gamma(1+\frac{1}{k})^s}{\Gamma(\frac{s}{k})} \mathfrak{S}(N) N^{\frac{s}{k}-1} + O(N^{\frac{s}{k}-1-\delta})$$

となる。ここで、

$$\mathfrak{S}(N) = \sum_{q=1}^{\infty} \sum_{\substack{a=1 \\ (a,q)=1}}^{q} \left(\frac{1}{q} \sum_{n=1}^{q} e^{2\pi i \frac{an^k}{q}} \right)^s e^{-2\pi i \frac{Na}{q}}$$

および $\mathfrak{S}(N) \geqq C(k,s) > 0$ である。

なるほど。では，この式は実際に何を意味するのだろう？ 先ほどの漸近公式に着目しよう。この式は**主要項**と**誤差項**の2つの項で成り立っている。

$$\underbrace{\frac{\Gamma(1+\frac{1}{k})^s}{\Gamma(\frac{s}{k})} \mathfrak{S}(N) N^{\frac{s}{k}-1}}_{\text{主要項}} + \underbrace{O(N^{\frac{s}{k}-1-\delta})}_{\text{誤差項}}$$

ずいぶんと複雑だ。そこで，まずはもう少し取っつきやすそうな例について考え，あとでもういちどこの式を振り返ろう。次の形の関数があるとする。

$$f(N) = 0.000001 N^3 - 1{,}000{,}000 N$$

$f(N)$ は N が超巨大になると，どのようにふるまうだろう？ 実は，$0.000001 N^3$ よりも $1{,}000{,}000 N$ のほうが係数(N^3 や N の前にくっついている数)はずっと大きいにもかかわらず，$0.000001 N^3$ の項のほうが $1{,}000{,}000 N$ の項よりもずっとずっと巨大になる。いやむしろ，$1{,}000{,}000 N$ の項は $0.000001 N^3$ と比べて無視できるほど小さくなると言ったほうがいいだろう。重要なのは N の右肩についている指数(3対1)であって，N^3 や N の前についている数ではない。係数は固定されているので，N が巨大になったときの指数の影響にいとも簡単に飲みこまれてしまうのだ。

こんどは，次の式はどうだろう？

$$g(N) = 0.000001N^3 - 1{,}000{,}000N^{2.99}$$

これも同様だ。N が巨大になると，先ほどとまったく同じ理由で，第 1 項の $0.000001N^3$ のほうが第 2 項の $1{,}000{,}000N^{2.99}$ よりもずっと大きくなる。今回は指数がほとんど同じなので，指数の影響が現れるためには先ほどよりもずっと巨大な N が必要になるが，そんなことは問題ない。

どちらの例でも，式の形を見るだけで，N が十分に巨大なら式の値が正になることがわかる。N が十分に大きければ $f(N) > 0$ や $g(N) > 0$ が成り立つのだ（「十分に大きい」の意味は 2 つの例で異なるが，その点はまったく問題にならない）。

先ほどの漸近公式は，何かを数えるための式だ。特に，方程式の解の個数（N を s 個の k 乗数として表す方法の個数）は必ず整数であるとわかっている。ここで，私の大好きな数学的事実が 1 つある。最小の正の整数は 1 だ。よって，ある数が整数であり，なおかつそれが正の数だとわかっているなら，その数は必ず 1 以上なのだ。私たちの目標は，先述の方程式の解の個数が 1 つ以上あると示すことなので，個数が正であることを示せば十分だ。その点，先ほどの 2 つの例は前進の方法を教えてくれた。「N が十分に大きければ，主要項が誤差項を"上回る"」ということさえわかればよいのだ。

「N が十分に大きければ」の部分を気にする必要がないのはなぜだろう？　私たちが証明するべきなのは，十分に大きな N がすべて s 個の k 乗数の和で表せることだ。それが証明できれば，あとは原理的に有限の問題だけが残るからだ（世界じゅうのコンピューターを総動員しても，宇宙の終わりまでに確認しきれないほど巨大な数になるかもしれないが）。数学的にいちばん面白いのは，ある固定された数以降の N について問題を解くという部分なのだ。

ここまでわかったところで，先ほどの漸近公式の主要項と誤差項を再び見てみよう。まず，主要項についてもう少し詳しく説明しよう。非常に奇妙な記号がある。先頭の Γ はガンマ関数と呼ばれる。ここでは，この関数の具体的な意味はあまり関係ない。ただ，

$$\frac{\Gamma(1+\frac{1}{k})^s}{\Gamma(\frac{s}{k})}$$

が正の数であり，しかも$\dot{N}\dot{に}\dot{依}\dot{存}\dot{し}\dot{な}\dot{い}$という点だけを押さえておけばよい。$s$と$k$には依存するが，両者とも固定された値と考えている。つまり，この式は固定された正の数を複雑な形で表現したものにすぎない。次が$\mathfrak{S}(N)$だ。こちらは$\dot{ご}\dot{親}\dot{切}\dot{に}\dot{も}$定理のなかで定義されている。この級数は**特異級数**と呼ばれるが（$\mathfrak{S}$はアルファベットの「S」のかなり装飾的な表記），その意味についてはのちほど改めて説明する。ここで理解しておく必要があるのは，$\mathfrak{S}(N)$はNに依存するものの，常に定理中で述べられている正の定数$C(k,s)$と等しいかそれよりも大きいという点だ。$C(k,s)$を「定数」と述べたのは，固定されたものと考えられるkおよびsに依存するからだ。重要なのは，Nがどんな値であっても，$\mathfrak{S}(N)$は常に0.0000001とかいう正の値になるという点だ（実際の値は重要でない）。

これらのことから，主要項は常に$N^{\frac{s}{k}-1}$を正の定数倍した値以上になるということがいえる。この項は，先ほどの例で考察した$0.000001N^3$と似ている。誤差項のNの次数が主要項よりも小さければ（たとえほんのわずかな差であっても），十分に大きなNをとればいずれ主要項が誤差項を上回る。よって，和の表し方の個数は十分に大きなNに対して正（つまり1以上）になるわけだ。

誤差項には$O(N^{\frac{s}{k}-1-\delta})$という特別な表記が使われている。ここで，$O(\ )$は，その項全体がカッコ内の値のせいぜい定数倍の速度

でしか増加しないことを意味する記号である。つまり，誤差項は常に $-1,000,000N^{\frac{s}{k}-1-\delta}$ と $1,000,000N^{\frac{s}{k}-1-\delta}$ のあいだにある。もちろん，1,000,000 という数は私が適当に選んだもので，実際にはずっと大きな値が必要かもしれない。このように，この議論ではやや面白おかしい思考プロセスが必要になる。きわめて慎重で厳密な命題を述べると同時に（数学者なら当然だ），重要な情報だけに着目し，重要でない情報を除外する必要もあるのだ。先ほどの例でいえば，重要なのは先頭についている数（係数）ではなく N の次数だ。その点，この **O 記法**（本当にそう呼ばれている）は，重要な情報だけに着目できるよう不要な係数を除外する効果がある。

定理には「固定されたある $\delta > 0$ に対し」という注意書きがある。つまり，誤差項が $N^{\frac{s}{k}-1-\delta}$ の定数倍としてふるまうような正の数 δ（ものすごく小さい可能性もある）が存在するということになる。ここで，主要項と誤差項の意味がはっきりしはじめる。主要項の N の次数は $\frac{s}{k}-1$ であり，誤差項の N の次数はそれよりもほんのわずかに小さい。これは主要項を N^3，誤差項を $N^{2.99}$ とした先ほどの例とよく似ている。

ということは，（非常に）大きな N をとれば，誤差項は主要項と比べてとるに足らないものになる。よって，方程式の解の個数（先ほどの漸近公式が数えている対象）は正の値となり，したがって 1 以上になる。成功だ！

特異級数

ハーディ=リトルウッドの円周法をウェアリングの問題に用いる利点の 1 つは，私たちの理解を深めてくれるという点だ。巨大な数を s 個の k 乗数の和として表す方法の個数を示す漸近公式を与えてくれるだけでもすでに十分満足なのだが，この公式が特にすばらし

いのは，その構成要素の1つ1つにれっきとした由来があるという点だ。この漸近公式の主要項は単なる摩訶不思議な記号の列ではない。1つ1つの要素がウェアリングの問題に光を当ててくれる。

ここで，特異級数 $\mathfrak{S}(N)$ の意味するところをおおまかに説明してみたい。この級数はなかなかよくできていると思うからだ。定理ではこの級数を次のように定義している。

$$\mathfrak{S}(N) = \sum_{q=1}^{\infty} \sum_{\substack{a=1 \\ (a,q)=1}}^{q} \left(\frac{1}{q} \sum_{n=1}^{q} e^{2\pi i \frac{an^k}{q}}\right)^s e^{-2\pi i \frac{Na}{q}}$$

正直にいうと近寄りがたいが，それと同時に不思議でもある。方程式の整数解の個数を数えようとしているのに，どうしてその答えに無限和，指数関数，π，さらには -1 の平方根 i が出てくるのか？ 私がハーディ＝リトルウッドの円周法について愛してやまないのはこの点だ。私たちが挑もうとしているのは数論の疑問（整数の問題）なのだが，その問題を理解するためには，あらゆる数学分野の知識を引っ張り出してこなければならない。数学はすべてつながっている。ある疑問に挑むとき，どの道具，手法，アイデアが役に立つかなんてわからないのだ。

ここで少しだけ平方数の話に戻り，もういちど mod 8（つまり，8 で割った余り）について考察してみよう。前に説明したとおり，すべての平方数は 8 の倍数，8 の倍数 +1，8 の倍数 +4 のいずれかの形をとる。つまり，すべての平方数は 8 を法として 0, 1, 4 と合同だ。8 を法とした場合，0 を 4 つの平方数の和として表す方法はいくつあるだろうか？ 実際に数えると，

$$0 \equiv 0 + 0 + 0 + 0 \pmod{8}$$
$$0 \equiv 0 + 0 + 4 + 4 \pmod{8}$$
$$0 \equiv 4 + 4 + 4 + 4 \pmod{8}$$

と，上記の足し算の順序を入れ替えたものだ（$0 \equiv 0+4+0+4 \pmod 8$）など）。少し考えれば，0を4つの平方数の和として表すときに1を使う余地はないとわかる。よって，先ほど挙げた解ですべてだ。

7を4つの平方数の和で表したい場合はどうだろう（再び法は8とする）。考えられる答えは

$$7 \equiv 1+1+1+4 \pmod 8$$

のみで，順序のちがいを除けばその他の可能性はない。

法を8とすると，0と7を4つの平方数の和として表す方法の個数はそれぞれ異なる。

この情報は，（合同算術は使わずに）ある数を実際の平方数の和として表す方法の個数に影響を及ぼすはずだ。8の倍数の数と8の倍数+7の数とで，和の表し方の個数が同じになるとは考えにくい。

と同時に，それぞれの数を順番に法として用いることで，このほかに無数の情報が得られる。先ほどの特異級数が示しているのはこの情報だ。この特異級数は，まず q 全体に対して和をとっている。q の各値に対して，q を法とした場合に N を s 個の k 乗数の和として表すのがどれくらい易しいか難しいかを示す量を計算している。

主要項の残りの部分，つまり $\dfrac{\Gamma\left(1+\dfrac{1}{k}\right)^s}{\Gamma\left(\dfrac{s}{k}\right)}$ にも自然な説明がある。この項は，$x_1, \ldots, x_s$ が整数だけでなく正の実数をとりうるとした場合に，方程式 $N = x_1^k + \ldots + x_s^k$ を解くのがどれくらい易しいか難しいかを考察することによって得られる。

私はしばらく考えた結果，この漸近公式の証明プロセスについては説明しないことに決めた。不満に思うみなさんがいるのはわかっているが，その裏には面白い理由がある。ハーディ=リトルウッド

の円周法では，微積分の使用が欠かせないのだ（あいにく，私が書こうとしているのは微積分の知識を前提としない本だ）。そう，整数の問題を解くのになんと微積分が必要なのだ！　微積分が数論の問題に役立つというのは意外だし，不思議でもある。だが現にそうだ。実は，積分を用いて方程式の整数解の個数を表し（現代の視点からいえば，その積分はフーリエ解析を通じて得られる），その積分を近似することで先ほどの漸近公式を得ることができる。ただし，本書はその詳細を論じる場ではないので，これ以上深入りするのはやめておく。

ウェアリングの問題に関するその後の研究

ただし，ウェアリングの問題についてはもう少しだけ話を続けよう。ある意味，ウェアリングの問題はまだ解決していないからだ。ラグランジュの定理より，すべての正の整数が4つの平方数の和で表せること，そしてそれが"最善"であることがわかる。3つの平方数の和で表せない数（7など）がある以上，「4つ」を「3つ」に置き換えることはできない。k 乗数の場合，どの数を選んでも，その数を s 個の k 乗数の和として表せるようななんらかの数 s が存在することがわかっている。しかし，s の最善の値はいったいいくつだろうか？

ウェアリングは，すべての数を9個の立方数の和として表せると主張した。ハーディとリトルウッドの定理は，十分に大きなすべての数についてこの主張が成り立つことを示している。ここで2つの疑問が浮かんでくる。1つ目は，「すべての正の整数が s 個の k 乗数の和として表されるような最小の s は何か？」という疑問。この疑問の答えは一般的に $g(k)$ と表記される。2つ目は，「すべての十分に大きな正の整数が s 個の k 乗数の和として表されるような最小の s は何か？」という疑問。その答えは $G(k)$ と表記される。2つ

目の疑問のほうが1つ目よりもまちがいなく興味深い。というのも，1つ目の疑問の答えは小さな数の影響によって大きく歪められる場合があるからだ。たとえば，31を5乗数の和として表すには？ $2^5=32$ を1回でも使うととたんにオーバーしてしまうので，使える5乗数は $1^5=1$ のみとなり，31を5乗数の和として表すには31個の5乗数が必要になる。しかし，これはやや強引な例だ。私は5乗数がたくさん必要になるよう，わざと 2^5-1 という数を選んだのだ。巨大な数を5乗数の和として表す場合，使える5乗数の種類が増えるので個数はもっと少なくてすむかもしれない。

　平方数については，$g(2)=4$ であることがわかっているので，$G(2) \leqq 4$ が成り立つ。しかし，8の倍数＋7の数は3つの平方数の和では絶対に表せないので，$G(2)=4$ となる。

　ハーディとリトルウッドは $G(3) \leqq 9$ が成り立つことを証明した。9個の立方数で足りることはわかっているが，もう少し少なくても大丈夫かもしれない。$g(3)$ なら，その値は9であることがわかっている（たとえば，23は8個の立方数の和では表せないが9個の立方数の和では表せる）。ハーディとリトルウッド以降，$G(3)$ の上限値は改善され，今では $G(3) \leqq 7$ であることが知られている。しかし，正確な値は今もって不明だ。$G(3)$ は4まで小さくなる可能性もある。

　一般的に，$g(k)$ の値はすべての $k \geqq 2$ についてわかっている。31を5乗数の和で表した先ほどの例と同じで，$g(k)$ の値を人為的に吊り上げる小さな数の影響があるからだ。より興味深いほうの疑問，つまり $G(k)$ の値は，2つの場合についてのみ答えが厳密にわかっている。1つはラグランジュの定理であり，$G(2)=4$ だ。もう1つは，ケンブリッジ大学でリトルウッドの指導のもと博士号を取得したハロルド・ダヴェンポート（1907〜1969）が証明した値だ。1939年，彼は $G(4)=16$ であることを証明した（これはウェアリングの問題に関

する彼の数々の論文の1つにすぎない)。余談だが，私はダヴェンポートの次の言葉がとても気に入っている。

> 数学者はなんと幸運な生き物なのだろう。天職をやってお金がもらえるのだから。

ハーディとリトルウッドの定理は一般の k に対して $G(k)$ の上限値を与えた。20世紀を通じて，幾多の数論研究者たちがこの上限値の改善に励んできた。その研究は21世紀に入ってもなお続いているが，すべての k に対して $G(k)$ の厳密な値を求める旅はいっこうに終わる気配を見せない。

ハーディ゠リトルウッドの円周法に関する追記

ハーディ゠リトルウッドの円周法が役立つのはウェアリングの問題に限らない。彼らの手法は，「この種のすべての数をこれこれこういう数の和で表すことはできるか？」という同種の問題に挑むのにもおおいに役立つことがわかっている。ハーディ゠リトルウッドの円周法に対する現在の私たちの考え方は，ヴィノグラードフによるところが大きい。彼は，弱いゴールドバッハ予想に関する研究のなかでハーディとリトルウッドの従来の手法を発展させ，簡略化した。第6章で触れたとおり，彼はこの手法を用いて，十分に大きな奇数が3つの素数の和で表せることを証明した。

私はいつも，ハーディ゠リトルウッドの円周法を「手法」と呼ぶことに少し違和感を覚える。実際には，この手法を具体的な問題に適用するのは難しいからだ。私は，手法というよりもフレームワークに近いものだと思う。円周法は証明のおおまかな骨格こそ与えるものの，証明を完成させるためには，まだまだ作業の必要な部分が

いくつも残っている。これは双子素数予想についてもいえる。ハーディとリトルウッドのフレームワークを用いておおまかな議論の道筋を描くことはできるのだが，残念ながら証明を完成させるまでには，非常に深刻な技術的難問がいくつもそびえている。

　さて，再び本題に戻ろう。素数の間隔を理解する旅はどこまで進んだだろうか？

15
2014年4月
ついにここまで……

　ジェームズ・メイナードは，差が600以下の素数の組が無数に存在することを証明する画期的なアイデアを提唱し，大躍進を遂げた。その後，「素数間の有界な間隔」をテーマとするPolymath8プロジェクトは，Polymath8aへと進化し，そしてついにPolymath8bが誕生した。2013年11月に始まったこの新しいプロジェクトの目標は，上限値をさらに更新することだった。考察中の上限値は何種類かあった。そのなかでも，双子素数予想の観点から見て重要だったのはH_1だ。H_1とは，2個以上の素数を含む区間が無数に存在するような区間の長さの最小値のことである。(双子素数予想は$H_1=2$だと主張している。)メイナードの研究により，H_1が600以下であることが証明されたので，Polymathの参加者たちの次なる課題は，メイナードのアイデア，Polymath8aプロジェクトで確立された議論，そして思いつくかぎりの発想を駆使して，600という記録を更新することだった。しかし，第13章で説明したように，メイナード(とタオ)が成し遂げた大躍進の1つは，$m+1$個以上の素数を含む区間が無数に存在するような区間の長さの最小値H_mに有限の上限を与えることで，史上初めて3個以上の素数のかたまりを扱ったという点だ。これにより，間隔の小さい素数の組が無数に存在することだけでなく，3個や4個，さらには100個の素数の密集地帯も無数に存在することが証明される。果たして，Polymathの参加者たちは，メイナードが得た上限値を更新できるのだろうか？

チャン・イータンはPolymath8aには参加していなかったが、メイナードはPolymath8bの議論に積極的に参加していた。当然、メイナードの研究について誰よりも精通していたのは彼自身なので、彼の参加は大きな力になった。議論の大部分はジェームズ・メイナードとテレンス・タオのあいだで交わされた。ふたりは、それまで少しちがう視点から別々に研究してきた議論を改善する方法を探った。

　メイナードがarXivに自身の研究を投稿してから数日が過ぎると、Polymath8bではH_2の実りある上限値が導き出されていた。幅が500,000未満の素数の3つ組が無数に存在することが証明されたのだ。（ここでいう「幅」とは最小の元と最大の元のあいだの距離のことだ。たとえば、11, 17, 19は幅8の素数の3つ組だ。）その後、この上限値は少しずつ改善されていった。いずれも500,000をわずかに下回る値だった。

　Polymath8aのときと同じように、幅広い人々が議論に参加した。ジェームズ・メイナードとテレンス・タオは、自分たちの新しいアイデアや篩法に関する専門知識を存分に活かし、議論に積極的に参加した。その輪に、この種の数論の専門家であり、モントリオール大学のメイナードの指導教授でもあるアンドリュー・グランヴィルなどの専門家たちも加わった。議論の過程で、関連するほかの興味深い問題についてもさまざまな会話が交わされた。新しい研究はこれこれこういう疑問の解決に役立つか？　この研究は素数に関する過去の結果とどう関連しているだろう？　こうした関連づけは、たいへん有益な探求の道筋になる。答えがわかれば、その情報をみんなと共有する価値があるし、そうでなければ新たな研究テーマになりうる。

　Polymathの参加者たちはコンピューター計算に協力し、メイナ

ードの上限値を引き下げていった。特に，米ブリガムヤング大学の数学者ペース・ニールセンは，メイナードの Mathematica "ノートブック"，つまり彼の使用したプログラムを記述したコンピューター・ファイルを調べた。ニールセンはそのアイデアをいっそう発展させ，独自のプログラムを書くことで，上限値を改善することに成功した。唯一のハードルは計算に必要な時間だった。コンピューターを使ったとしても，数時間ではなく数日単位の時間がかかるのだ。彼がタオのブログを通じてデータを公開すると，ほかの人々が加わり，データを吟味して有益な情報を探した。2013年12月末になると，Polymath8b は，差が272以下の素数の2つ組は無数に存在することを暫定的に証明していた。だが，歩みはそこで止まらなかった。(「暫定的に」といったのは，議論がまだ継続中だったからだ。結果が綿密に確かめられ，発表できる形になっていたわけではない。)

会話は2014年初頭になってもなお続き，議論の内容や推定，計算結果に関する詳しい分析が繰り返された。上限値を改善する機会が延々と模索され，その一部は成功に結びついた。2014年2月9日，テレンス・タオはブログで，そろそろ論文を執筆したほうがいいのではないかと提案した。

> これまでの大きな進展を踏まえると，そろそろ勝利宣言を出し，今までの研究結果をまとめるべきではないかと思う(ただし，$H_1 \leq 270$ という上限値を改善する余地がないか，もういちどだけ最終確認が必要だとは思うが)。

このころになると，Polymath8b はいくつかの世界記録を叩き出し，何よりその背景にあるロジックを発表できる段階に来ていた。実際には，議論の改善をめぐる話しあいはまだ活発に行われており，

進展が続いていた。

　2014年4月中旬，差が70,000,000以下の素数の組が無数に存在するというチャン・イータンの画期的な証明が発表されてからおよそ1年後，Polymath8bが上限値を更新することに成功した。差が246以下の素数の組が無数に存在することが証明されたのだ。すごくないだろうか？ Polymathの共同研究の手法が不可能を可能にしたという証拠はない。ただ，問題に興味をもつ人々の集団（Polymathのメンバー構成はその時々で変遷する）がそれぞれの専門知識を持ち寄ったおかげで，研究プロセスが大きく加速したことはまちがいない。

　本書の執筆時点では，246という値がこの問題に関する最新の記録だ。さらなる進展の知らせは今のところ私の耳には届いていないが，もしかするとすぐそこまで迫っているかもしれない。今この瞬間に記録更新が発表されてもおかしくないのだ。だからこそ，この手の本を書くのはとても難しい。

　今しがた説明した上限値 H_1 の研究と並行して，Polymath8bは H_2 のような，密集する多数の素数のかたまりに関する値でも進展を遂げていた。2013年末の時点で H_2 の上限値は400,000未満まで下がり，H_3, H_4, H_5 の具体的な上限値でも同様の改善があった。

　Polymath8bプロジェクトにはもう1つ，大成功した側面がある。第7章で，行き詰まったら未証明の別の結果を仮定して，何を導き出せるかを探ってみるのが有力な方法だと述べた。2005年，ゴールドストン，ピンツ，イルディリムは適度に強いエリオット＝ハルバースタム予想を仮定し，差が16以下の素数の組が無数に存在することを導き出した。チャン・イータンが画期的だったのは，素数の間隔について無条件の証明，つまり未証明の予想にいっさい頼らない証明を与えたことであり，Polymath，メイナード，タオはい

ずれも無条件での議論を続けた。しかし，エリオット＝ハルバースタム予想に含まれる素数の分布に関する予測を仮定し̇たら，議論はどう展開するだろう？　メイナードは差が 600 以下の素数の組は無数に存在することを無条件で証明したが，彼は同じ論文のなかで，エリオット＝ハルバースタム予想が正しいと仮定すれば，差が 12 以下の素数の組は無数に存在すること（$H_1 \leqq 12$），幅が 600 以下の素数の 3 つ組は無数に存在すること（$H_2 \leqq 600$）を証明した。

　2014 年 1 月末になると，劇的な出来事が起きた。Polymath8b により，素数の分布に関して十分に強い予想（いわゆる**一般エリオット＝ハルバースタム予想**）が成り立つならば，差が 6 以下の素数の組は無数に存在することが証明されたのである。たったの 6 だ。この値は，偶奇性問題があるために現在の手法で証明できる精一杯の値と考えられているので，非常に目覚ましい成果だ。双子素数予想の証明までかぎりなく迫ってはいるが，もちろん双子素数予想の完全な証明にはならない。その理由は 2 つある。1 つは目標値である 2 ではないから。もう 1 つは未証明の予想に頼っているからだ。だが，数学の進歩というのはえてしてこういうものだ。一歩ずつ前進し，じりじりと目標に近づきながら，少しずつ理解を深めていくのだ。

16
次なる目標

　学生たちに問題を出す教師はふつう，問題の解き方を知っている。学生たちがその問題を解くのに必要な数学的手法をすでに学んでいて，ゆっくりじっくりと考えれば問題を解けるだけの数学的理解と問題解決能力をすでに身につけていると知ったうえで，教師は問題を出すのだ。

　数学研究ではそうは行かない。人類史上まだ誰も解いていない問題に挑むわけだから，数学のどういうアイデアや道具が問題の解決に役立つのかはわからない。すでに知っているアイデアや道具が役立つかもしれないし，新しくひねり出す必要があるかもしれない。別の数学分野の道具を教えてくれるような同僚との何気ない会話が役に立つかもしれないし，誰かが新たな手法を発見してくれるまで，10年以上待たなければならないこともある。この点こそが数学研究の楽しさでもあり，恐ろしさでもある。つまり，数学的発見がいつ訪れるかを予測するのはきわめて難しい。ひょっとすると不可能かもしれない。

　私は双子素数予想が正しいと信じているし，いつかは証明されると思う。だが，1つ前の段落で説明した理由から，その時期を予測するつもりはない。来年かもしれないし，10年後かもしれない。あるいは，本書を読んだ若者が数学の研究者になって双子素数予想に挑む30年後かもしれない。正直にいうと，本書の執筆は気苦労の連続だった。私が出版社に原稿を提出する前に誰かが双子素数予

想を証明してしまったら、それこそ大幅な書き直しが必要になるだろう。

いい機会なので、ここで素数分布の理解に関するその他の進展をいくつか簡単に紹介しておこう。どれも現在ホットな話題なので、今後数カ月や数年間でまちがいなく刺激的なニュースが舞いこんでくると思う。

間隔の大きい素数の組

間隔の小さい素数については、本書でさんざん考察してきた。では、間隔の大きい隣りあった素数については何が言えるだろう？ 間隔の大きい素数は存在するか？ 間隔はどれくらい大きくなりうるのか？

第8章で、素数で ない 数が100個連続で続く区間が存在することをみなさん自身で証明してみてほしいと投げかけた。ここではその答えについてお話ししたいと思う。まだみなさん自身で考えていないなら、少し時間をとって考えてみてほしい。

合成数（1より大きい素数以外の整数）が100個連続するところを考えると、気が遠くなるかもしれない。この問題こそ、難易度を上げることでかえって問題が易しくなる意外な例の1つだと思う。（この現象は第14章のハーディ＝リトルウッドの円周法のところでも登場した。）

そこで、100個の連続する合成数の代わりに、100より大きく、1個目の数が2の倍数、2個目の数が3の倍数、3個目の数が4の倍数、4個目の数が5の倍数、……という性質をもつ100個の連続した数について考えてみてほしい。するとどうなるだろう？ 100よりも大きい2の倍数は素数ではない。100よりも大きい3の倍数は素数ではない。その後も以下同様だ。よって、この100個の連続し

た数はいずれも合成数になる。直感的には、制約が増えているので（単なる100個の連続した合成数でなく、特定の形をもつ100個の連続した合成数を探している）、問題はむしろ難しくなっているように思える。しかし、実はこの余分な制約が適当な例を考えるヒントになるのだ。

素数が無数に存在することを証明するときにユークリッドが用いたアイデアを応用してみよう。

まず、2, 3, 4, 5, 6, ... を100まで掛けあわせる。この数を100!と表記し、「100の階乗」と読む。つまり、100! = 100 × 99 × 98 × ... × 4 × 3 × 2 × 1 を意味する。

すると、100! + 2 は 2 の倍数になる（100! のなかには 2 が含まれているので、100! 自体も 2 の倍数だ）。同様に、100! + 3 は 3 の倍数、100! + 4 は 4 の倍数と続き、100! + 100 は 100 の倍数となる。こうして、合成数の連続する区間ができあがる。

実際には、この合成数は99個しか連続していない。100! + 1 は 1 の倍数だが、それがわかってもあまり意味はない。だが、修正するのは朝飯前だ。代わりに、101! + 2, 101! + 3, 101! + 4, 101! + 5, ..., 101! + 100, 101! + 101 を考えればよい。これなら確かに合成数が 100 個連続する。

しかも、この考え方を拡張すれば、何個でも連続する合成数が見つかる。合成数が100万個連続する場所を見つけたい？ お安い御用だ。1,000,001! + 2, 1,000,001! + 3, 1,000,001! + 4, 1,000,001! + 5, ..., 1,000,001! + 1,000,000, 1,000,001! + 1,000,001 を考えればよい。

結論は？ 私たちが知りたかったのは、間隔の大きい素数の組が存在するかどうかだったが、それを調べる過程で、隣りあった素数どうしの間隔がいくらでも大きくなりうることが証明された。何個でも連続する合成数が見つかるからだ。

第16章　次なる目標

しかし，ここまで本書を読んできたみなさんなら，これで話は終わりではないと言っても驚かないだろう。$101!+2$，$101!+3$といった数は非常に大きい。まちがいなく巨大だ。そんなに大きな数まで行かなければ，100 個の連続する合成数は見つからないのだろうか？ 巨大な数まで行くのはたいへん都合がよかった。$101!+2$ 以降，連続する 100 個の数が確かに合成数であることが手軽に確認できたので，「100 個の連続する合成数は存在するか？」という疑問にきっぱりと回答することができた。しかし，合成数の密集地帯が現れるタイミングについて理解を深めるというのは，興味深い問題だろう。

　第 8 章で説明したように，ある数までの素数の個数を推定する素数定理によれば，x 近辺の隣りあった素数の間隔は平均的におよそ $\log x$ となる。では，素数の平均的な間隔が 100 になるのはどのあたりだろう？ それは e^{100} の近辺であり，$101!$ よりもはるかに小さい（e^{100} は e つまり約 2.72 を 100 回掛けた値なので，3 未満の数を 100 回掛けあわせた積となる。一方，$101! = 101 \times 100 \times 99 \times \ldots \times 3 \times 2$ なので，100 回掛けあわせる数の大半が 3 よりもずっと大きい）。よって，合成数が初めて 100 個連続する区間は，実際には $101!+2$ よりもずっと前に現れるはずなのだが，実際にそういう区間が存在することを証明するのは，$101!+2$ から $101!+101$ まで合成数が連続するという事実を確かめるよりも，桁違いに難しいのだ！

　実は，間隔の大きい素数についてはずっと多くのことがわかっている。2014 年 8 月，この話題に関する 2 つの新たなプレプリントが 2 日連続で arXiv のウェブサイトに投稿された。2014 年 8 月 20 日，ケヴィン・フォード，ベン・グリーン，セルゲイ・コニャギン，テレンス・タオが「連続する素数間の巨大な間隔」に関する論文を投稿した。（ベン・グリーンとテレンス・タオは前にも登場した。ケヴィ

ン・フォードはイリノイ大学アーバナ・シャンペーン校の数学者で，セルゲイ・コニャギンはモスクワにあるロシア科学アカデミーのステクロフ数学研究所に拠点を置く数学者。）翌日，こんどはジェームズ・メイナードが「素数間の巨大な間隔」に関する研究をアップロードした。フォードらとメイナードはそれぞれ別々の方法で，x以下の隣りあった素数の間隔が平均値よりもかなり大きくなりうることを証明した（彼らの示した下限は，ここにはとうてい書きたくないくらい複雑なものだ。解析的整数論の同様の値に見られがちな対数がたくさん含まれている）。面白いことに，メイナードは素数の小さな間隔に関する自身の研究を改良し，素数の大きな間隔に関する情報を明らかにする方法を発見した。フォード，グリーン，コニャギン，タオは，第6章で紹介した，素数の等差数列に関するグリーンとタオの研究に基づく別の手法を採用した。

Google＋で，ティム・ガワーズは，2つの別個の研究が同時に発表されたことの偶然性を強調した。最初の論文の共同執筆者のひとりであるベン・グリーンはこう指摘した。

> 発表の正確な日付は微妙にずれているとはいえ，この種の発見は独立した発見とみなし，対等にクレジットを割り振るのが通例になっている。今回はたまたまメイナードの論文が完成していたが，私たちが論文をarXivに発表した時点で，メイナードが自身の手法について大ざっぱなメモ*しか残していなかったとしても，同じ扱いになっていただろう。事実，私は4人がメイナードよりも先に論文をarXivに投稿してしまったのは少し残念だったと思っている。だが，それは私たちが彼の研究についてまったく知らなかったゆえのことだ。純粋数学がほかの科学分野と微妙にちがうのはこの点なのだ！

＊議論の正当性が専門家によってただちに検証できるような形のもの。

　このような問題に関しては，数学者はかなり大人なのだ。すでにお話ししたように，メイナードとタオが似たような結果を似たようなタイミングで証明したときも，その扱い方について友好的な合意が結ばれた。そのときはふたりとも似たような議論を用いていたが，間隔の大きい素数に関しては，フォード，グリーン，コニャギン，タオの手法はメイナードの手法と異なっていた。どちらの例でも，事実関係がはっきりと公開されている。ふたりの人物（2つのグループ）が同じ結果を似たようなタイミングで別個に証明したことは，火を見るよりも明らかなのだ。そして独立に証明されたとしておくほうが，研究成果を数時間早くオンラインに投稿したのはどちらの人物（グループ）だろうかと気を揉むよりもまちがいなく有意義だ。ガワーズはGoogle＋の議論でこう指摘した。

　　この方法には1つのメリットがある。ある結果がふたり以上の人間によって独立に証明されたと知るのは，まぎれもなく貴重な情報といえるのだ。その結果が突然どこからともなく湧いてきたわけではなく，証明に至るまでにいくつものアイデアが存在していたことを（保証するとまではいえないが）示唆しているからだ。

　お互いの研究の存在を知ると，彼らは両者のアイデアを融合すれば下限値をいっそう改善できることに気づいた。2014年12月，フォード，グリーン，コニャギン，メイナード，タオの5人はプレプリントの最初の原稿を投稿し，彼らの新たな議論について説明した。もちろん，それで話が終わったわけではない。双子素数予想の場合

と同様，数学者が現在証明できる以上の事実が眠っていると信じるだけの根拠はまだまだあるからだ。だが，正しい方向への貴重な一歩にはちがいない。そして，彼らの共同研究は Polymath プロジェクトほど大規模ではないが，数学者がアイデアを共有することの価値を見事に物語っている。アイデアを共有することで，個人では（少なくとも同じ時間では）遂げられなかったであろう前進を遂げられたのだから。

　フォード，グリーン，コニャギン，タオの論文とメイナードの論文が興味深いのは，ポール・エルデシュの長年の疑問に答えたという点だ。エルデシュは多才な数学者だった。彼は数々の疑問に答えただけでなく，数々の疑問を掲げた。彼は疑問を解いた人々に，自分が思う難易度に応じた金銭的な報酬を約束した。1934 年，まだ 20 代前半のころ，彼は特定の数以下の隣りあった素数の間隔に関するある下限値を証明した。すると 1938 年，イギリスの数学者ロバート・ランキン（1915～2001）がその値をわずかに改善した。興奮したエルデシュは少し"早まった"のか，2014 年にフォード，グリーン，コニャギン，タオ，およびメイナードが独立して得ることになる下限値を証明した人物に 1 万ドルを支払うと約束した。それは彼にとってはものすごい大金だったが，たぶんそれくらいこの問題を解くのは難しいと彼は思ったのだろう。1996 年にエルデシュが死去して以来，彼の友人で共同研究者のロン・グラハム（アメリカの数学者）が彼に代わって報奨金の約束を守りつづけており，報奨金の半額をフォード，グリーン，コニャギン，タオ，残りの半額をメイナードが受け取った（この問題を別個に解いた 2 つの論文に半額ずつが支払われた）。

　ある結果が証明されることの価値は，その定理自体だけにあるわけではない。数学界ではよくあることだが，ある結果が証明された

おかげで別の問題に取り組む新しい戦略が生まれることもある。その事実を見事に実証してみせたのがメイナードだ。彼は間隔の小さい素数に関する結果を証明するためのアイデアを発展させ，間隔の大きい素数に関する定理を証明した。すると，ほかの数学者たちもすぐさまチャン・イータン，Polymath，メイナード，タオらの研究を吟味し，彼らのアイデアを用いて取り組む価値のありそうな問題を探った。素数の分布に関する別の問題に目を向ける者もいれば，整数を一般化した状況（第12章で紹介したガウス整数など）のなかで同種の問題に挑む者もいた。時には彼らのアイデアが関連してくる意外な問題もあった。こうした近年の発見は，解析的整数論の分野に大きな弾みをもたらしている。今後，さらなる大発見が待ち受けているというまぎれもないサインといえるだろう。

Polymathに未来はあるか？

今から100年後，数学はすべてPolymathのような大規模でオープンな共同研究によって行われるようになるだろうか？ 私はそうは思わない。ただ，この種の共同研究はもっとふつうになるとは思う。もちろん，Polymath風のやり方が適している数学プロジェクトもあるだろうが，すべてがそうではない。ではなぜ，Polymathは素数の間隔の問題についてはこれほど目覚ましい成功を遂げたのだろう？ 問題を説明するのは比較的簡単なのに，解くのは難しい。この特徴こそ，多くの人々を惹きつけた要因だ。人々は歴史に名を残すチャンスとばかりに色めき立った。しかし，素数の間隔の問題がPolymathに向いていた要因はそれだけではない。たとえ問題を説明するのは難しくなくても，プロジェクトに参加するには最新の難解な論文を読み解く必要があった。にもかかわらず，このハードルを乗り越えるために必死で予習を行う意欲的な人々は少なくなか

ったし，何より細かい議論にはついていけなくても大きな貢献ができる人たちもいた。その最たる例が，コンピューターの専門知識をもつ人々だろう。理論的な上限値について考えたいと思っている人々と，長大な計算をコンピューターに正確かつ効率的に実行させるのが得意な人々が，必ずしも重なるわけではない。しかし，両者を結びつける共通の言語が十分に確立されていたおかげで，共同研究が抜群に機能したのだ。

時には，個人の研究者や気の合う少人数の研究グループには敵わないこともある。じっと椅子に座り，問題についてしばらく考え，ときどき別の疑問にちょっかいを出しながら，無意識のなかで思考を整理するのがいちばんうまくいく場合もある。Polymath はすべての疑問に向いているわけではないし，ひとりきりで黙々と研究するほうが好きな数学者もいるだろう。しかし，インターネットの誕生，そして Polymath の登場で，こうした新たな共同研究のスタイルを開発しつづける刺激的な機会が生まれている。そしてまた，どのようなプロジェクトがそうした共同研究に向いているのかを理解する機会も広がっている。

Polymath の手法には，従来型の共同研究と比べてどのような長所や短所があるのか？ それ自体も研究テーマになっている。数学やコンピューター科学の分野で研究を行うふたりのイギリス人学者，アースラ・マーティンとアリソン・ピースは，まさしく数学における共同研究の役割を理解しようとしている。ふたりは 20 世紀前半のハーディとリトルウッドの有名な共同研究と，21 世紀における Polymath の共同研究とを比較し，こう記した。

> Polymath は数学的発見のプロセスを多様な経歴をもつ幅広い人々へと開放することに成功した。さらに，Polymath の基本ルールや

著名な人物の参加は，数学の共同研究のあるべき姿に対するわれわれの期待を非常にオープンな形で強化したといえる。

しかし，ふたりは続けてこう結論づけた。

公衆の面前でまちがいを犯すことを恐れず，目の回るスピードで研究を行わなければならない Polymath の議論のペースに不快感を覚える参加者や見学者も一定数いた。彼らは，本当にそれが共同研究に必要な条件なのか，それともその研究方法を苦に思わない人々が数学界で地位を築くための手段にすぎないのだろうか，という疑問を抱いた。非常に競争の激しい 19 世紀のケンブリッジ大学の数学優等卒業試験を毛嫌いし，人見知りで有名だった G. H. ハーディなら，きっと同じことを思っただろう。

ティム・ガワーズが Polymath を提唱したときに思い描いたような数学の大規模な共同研究の実施方法については，まだまだ改善の余地がある。しかし，最初の数回の Polymath プロジェクトに参加した人々(そして参加しないと決めた見物人たち)の経験は，未来の共同研究を設計するうえで貴重な教訓になるにちがいない。

Polymath8 の一部の参加者は，ヨーロッパ数学会ニュースレターに発表された回顧記事に寄稿し，みずからの体験を振り返った。テレンス・タオはプロジェクトの始まりやその後の展開，自身の参加経験について詳しく説明し，こう締めくくっている。

総合的に見ると，先の見えない骨の折れる体験だったが，それと同時にとてもスリリングでやりがいのある体験でもあった。

この記事では，キャリアの段階も Polymath8 への参加の度合いも異なる合計 10 人が意見を寄せた。アースラ・マーティンとアリソン・ピースが指摘したように，そのなかで繰り返し持ち上がる話題が 2 つあった。1 つは，プロジェクトのペースや議論についていくのに必要な熱意について。もう 1 つは，結果的にまちがいだと判明することになるアイデアを公衆の面前で発表するという独特の経験についてだ。たとえば，ジェームズ・メイナードはこう記した。

　自分自身でも驚いたことに，終わってみれば私はそうとうな時間を Polymath プロジェクトに費やしていた。その 1 つの理由は，プロジェクトの性質そのものが魅力的だったからだ。"進捗" を示す具体的な数値的指標があったし，ちょっとした改善を行う方法が常に何通りもあったので，絶えず元気づけられた。プロジェクトの参加者や見物人たちの熱意が全般的に高かったことも，もっとプロジェクトに参加しようという励みになった。

アンドリュー・サザーランドも同意見だった。

　ほかの人々と同じく，私も自分がプロジェクトに膨大な時間を費やしたことに驚いた。開始当初の慌ただしい記録更新のペースとプロジェクトのオープンな性質は病みつきになる組み合わせで，私は夏の大半をこのプロジェクトに費やすことになった。そのせいでほかの研究は遅れたが，私の共同研究者たちは文句ひとつ言わないでいてくれた。Polymath8 プロジェクトに捧げた時間を惜しいとはまったく思わない。二度とない機会だったし，参加できてうれしく思う。

　Polymath に奪われる膨大な時間は，特に将来の求職活動に備え

なければならない駆け出しの学者にとっては不安の種だった。果たして人事委員会はPolymathのような共同研究への貢献を実績として考慮してくれるのだろうか？

ペース・ニールセンはこう記した。

> 知りあいの数学者たちの多くが，プロジェクトに参加する「勇気に感動した」と個人的にメッセージを送ってきた。これほど多くの人々がオンラインでプロジェクトを見守っていたこと，そして私のコメントが（まちがいも含めて）これだけ多くの読者の目に入っていたことを知ってギョッとした。オープン・プロジェクトに参加する前に，この問題について考えておくことは大事だと思う。私の犯したまちがいのなかには，数学の標準的な共同研究であれば表沙汰にならなかったものもあっただろう。しかし，共同研究では必ず，"くだらない"アイデアでさえも気兼ねなく共有する能力が参加者に求められるのだ。

最終的な論文に貢献したアイデアや正しいアイデアだけでなく，すべてのアイデアを公開して保存するというのが，Polymathの決定的な特徴の1つだ。多くの参加者はこの点に戸惑う。一般的に数学者は，不正確でいい加減な議論を避け，正確性や厳密性を徹底的に追求することに慣れきっているからだ。しかし実際には，いろいろなアイデアをやり取りし，生焼けの議論を磨いていくことでこそ進歩が得られるのだ。教科書を読んでいると，数学は常に一点の曇りもない完璧な形をしているとつい誤解してしまう。ゲルゲイ・ハルツォシュはこう指摘した。

> あるとき，私は自分の予想した改良型の不等式の"証明"を何通り

か投稿したのだが,あとでまちがいだとわかり,赤っ恥をかいた。ブログには,そうしたやり取りがすべて記録され,保存されている。でも私はまったく後悔していない。それは私の素直な行動だったし,本来数学は試行錯誤を重ねながら行うものなのだから。

Polymath8 によって数学の進路に影響を受けた人々も多い。それは活発な参加者だけではない。メンフィス大学の大学生アンドリュー・ギブソンはこう記した。

> 投稿を読み, "リーダーボード"を眺めていると,まるで学問の観戦スポーツを見ている気分だった。この世の出来事とは思えなくて,まるで歴史がつくられるのをじかに目撃している気分でもあった。数学が単なる教科書のなかのものではなく,ずっと生き生きとした社会的な学問のように感じられた。僕らのような大学生が舞台裏をのぞきこみ,プロの数学者たちを"野生"の状態で観察する機会なんてめったにないけれど,今後の進路選びという点でとても参考になった。

まちがいなく今後も Polymath プロジェクトは行われるだろうし,Polymath8 のような派手な成功はめったにないとしても,少なくともその一部は数学的な成功をあげるだろう。しかし,Polymath8 自体はすっかり過去のものになってしまったわけではない。プロジェクトの進捗の記録を見るだけでも,学べることはまだ十分にある。

前にも触れたとおり,本書の物語の主役たちのなかには,素数の間隔に関する研究で数学界から認められた人もいる。特に,チャン・イータンとジェームズ・メイナードが数々の賞を受賞したことに,異論をはさむ余地はない。しかし,数学界が今後 Polymath に

躊躇なく賞を与えることはあるのだろうか？　数学界で前例のない大規模で常識破りな共同研究に賞を与えることは？　それはわからない。ただ，素数の間隔を理解するうえで Polymath の参加者たちが果たした役割はとても大きいと個人的には思う。現在，数学賞の審査委員会が Polymath 研究のこうした側面を賞に値すると感じていないとしても，きっといつかは Polymath プロジェクトに賞を与えざるをえなくなる日が来るはずだ。その日こそ，Polymath の旅における記念すべき日として語り継がれるだろう。

今　後

次に何が起こるのか，次にどんな大発見が待っているのかはわからない。1つだけ私が確信しているのは，素数の理解に大躍進が訪れるだろうということだ。時には岩を少しだけ削りとるような小さな発見もあれば，岩全体を打ち砕き，無数の研究対象の山へと変えてしまうような強烈な一撃もあるだろう。素数を研究するのにこれほど刺激的な時代は，いまだかつてない。そして今もなお，素数を理解する旅は続いている……。

参考資料

　本書で論じた話題については，優れた本やウェブサイトが山ほどある。以下に挙げるリストは，そうした本やウェブサイトを完全に網羅したものではない。私の個人的なお気に入りと，最新の素数研究に関する資料をかいつまんでピックアップしてみた。以下に挙げる資料はテーマごとに分類し，各分類のなかで本書と関連が深そうな順に並べてある。

　URL はすべて 2017 年 1 月時点で有効なもの。

数学全般に関する本やウェブサイト

- The MacTutor History of Mathematics archive http：//www‒history. mcs. st‒and. ac. uk/

セント・アンドルーズ大学のジョン・オコナーとエドマンド・ロバートソンが運営するウェブサイト。数学者の伝記や数学史に関する詳しい情報を収めた貴重なコレクションであり，本書の執筆ではたいへんお世話になった。私が紹介した数学者の伝記情報に関しては，このウェブサイトのほうがまずまちがいなく詳しいだろう。写真も豊富だ。

- G・H・ハーディ著『ある数学者の生涯と弁明』(柳生孝昭訳，丸善出版，2012 年)

1940 年に書かれたこの本は，数学を行うとはどういうことなのかを見事に描き出している。晩年のハーディが記した本書には哀愁が漂っている。後世の数学者たちが自分の仕事を表現するのに用いてきた引用が詰まっている本であり，必読の書だ。

- Plus Magazine https://plus. maths. org/

Plus Magazine はケンブリッジ大学のミレニアム数学プロジェクトの一環であり，過去や現在の数学研究に関連するわかりやすくて面白い記事，特集，インタビューが満載。

数論に関する本やウェブサイト

- 因数分解アニメーション http：//www. datapointed. net/visualizations/math/factorization/animated‒diagrams/

第2章の冒頭で紹介した点図の参考になったのがこのウェブサイトだ。このサイトでは図をアニメーション表示していて圧巻だ。ある数を自分ならどう図示するかを予想し，その数に到達するまで動画を再生して，あなた自身の理解度を確かめてみてほしい。

- サイモン・シン著『フェルマーの最終定理』(青木薫訳，新潮社，2006年)

フェルマーの最終定理が証明された直後，サイモン・シンとジョン・リンチはBBCの『ホライゾン』シリーズのためにフェルマーの最終定理に関するテレビ・ドキュメンタリーを制作した。今でもBBC iPlayerのウェブサイトで視聴できる(少なくともイギリスでは)。傑作なのでぜひ観てほしい。シンは続けて本書も執筆した。こちらも同じく傑作だ。

- H. Davenport *The Higher Arithmetic*, Eighth edition, Cambridge University Press, 2008

タイトルにある「高等数学(higher arithmetic)」とは，数論の古い名称であり，本書は数論の入門書だ。ある意味では数学の教科書といえる。詳細にまで突っこんでいるし，演習も豊富にある。一方で，読み心地は教科書っぽくない。その筆致は見事で，まぎれもなく私の愛読書の1つに数えられる。また，著者のダヴェンポートは『ディオファントス方程式およびディオファントス不等式に対する解析的手法(*Analytic methods for Diophantine Equations and Diophantine Inequalities*)』というかなりぎこちないタイトルの本も記している。ハーディ゠リトルウッドの円周法に関する私のお気に入りの入門書だが，こちらは*The Higher Arithmetic*よりもはるかに専門性が高い。

- マーカス・デュ・ソートイ著『素数の音楽』(冨永星訳，新潮社，2013年)

リーマン予想とそれに関連する数論の話題についての易しい入門書。リーマン予想の歴史やこの物語に関連する数学者たちについて詳しく綴られている。

Polymath

- Michael Nielsen *Doing science online*(オンラインで科学を実践する) http://michaelnielsen.org/blog/doing-science-online/, 26 January 2009

このブログ記事で，マイケル・ニールセンは数学者たちのブログ活動に注目するなど，オンラインで科学を実践することについて見解を述べている。このブログ記事内のリンクを見て，ティム・ガワーズはPolymathに関する考

えを発表することを決めた。

- Tim Gowers *Is massively collaborative mathematics possible?*（大人数による数学の共同研究は可能か？）https://gowers.wordpress.com/2009/01/27/is-massively-collaborative-mathematics-possible/, 27 January 2009

このブログ記事で，ティム・ガワーズはPolymathのアイデアを初めて提案し，プロジェクトのルールを定めた。

- Tim Gowers *A combinatorial approach to density Hales-Jewett*（密度版ヘイルズ゠ジュエット定理に対する組みあわせ論的アプローチ）https://gowers.wordpress.com/2009/02/01/a-combinatorial-approach-to-density-hales-jewett/, 1 February 2009

このブログ記事で，ティム・ガワーズは初のPolymathプロジェクトを開始した。このPolymathプロジェクトやその後のプロジェクトに関連するブログ記事をすべて挙げるつもりはないが，このブログ記事は初のPolymathプロジェクトがどういうものだったのかを詳しく知りたい方には絶好の足がかりになると思う。全般的に，ガワーズのブログ https://gowers.wordpress.com/ にはPolymath関連の投稿が数多くある。

- Terence Tao *IMO 2009 Q6 mini-polymath project: impressions, reflections, analysis*（IMO 2009の第6問に関する小型版Polymathプロジェクト：印象，所感，分析）https://terrytao.wordpress.com/2009/07/22/imo-2009-q6-mini-polymath-project-impressions-reflections-analysis/, 22 July 2009

このブログ記事で，テレンス・タオは国際数学オリンピックの問題に挑むために立ち上げた小型版Polymathプロジェクトについて考察し，読者にコメントを求めている。

- *The polymath blog* http://polymathprojects.org

ティム・ガワーズ，ギル・カライ，マイケル・ニールセン，テレンス・タオがPolymathプロジェクトをホストするために運営しているブログ。

- *The Erdös discrepancy problem*（エルデシュの食い違い問題）http://michaelnielsen.org/polymath1/index.php?title=The_Erd%C5%91s_discrepancy_problem

エルデシュの食い違い問題に関するPolymath5プロジェクトのウィキ。

- Terence Tao *Sign patterns of the Mobius and Liouville functions*（メビ

ウス関数およびリウヴィル関数における符号パターン）https://terrytao. wordpress. com/2015/09/06/sign-patterns-of-the-mobius-and-liouville-functions/，6 September 2015

このブログ記事で，タオはカイサ・マトマキおよびマクシム・ラジヴィウとの共同研究について説明した。この記事に対するウーヴェ・ストロインスキーのコメント（https://terrytao. wordpress. com/2015/09/06/sign-patterns-of-the-mobius-and-liouville-functions/#comment-459021）がきっかけで，タオはこの研究をエルデシュの食い違い問題と関連づけることができた。

- Terence Tao *The Erdos discrepancy problem via the Elliott conjecture*（エリオット予想を通じたエルデシュの食い違い問題）https://terrytao. wordpress. com/2015/09/11/the-erdos-discrepancy-problem-via-the-elliott-conjecture/，11 September 2015

このブログ記事で，タオはPolymath5の研究に基づき，非漸近エリオット予想と呼ばれる予想を証明すればエルデシュの食い違い問題が解決することを示した。

- Terence Tao *The logarithmically averaged Chowla and Elliott conjectures for two-point correlations; the Erdos discrepancy problem*（2点相関における対数平均チョウラ予想およびエリオット予想：エルデシュの食い違い問題）https://terrytao. wordpress. com/2015/09/18/the-logarithmically-averaged-chowla-and-elliott-conjectures-for-two-point-correlations-the-erdos-discrepancy-problem/，18 September 2015

このブログ記事で，タオはエルデシュの食い違い問題の答えを含む2つの新たな論文を発表し，自身の研究について解説している。

- Terence Tao *The Erdös discrepancy problem*（エルデシュの食い違い問題）*Discrete Analysis*，2016：1，27 pp.，http://discreteanalysisjournal.com/article/609-the-erdos-discrepancy-problem

この論文で，タオはエルデシュの食い違い問題の答えを述べている。この学術誌のウェブサイトには，彼の論文の概要説明とともに，この学術誌の形式であるarXivに掲載された完全な論文へのリンクがある。

- Tim Gowers *EDP28 — problem solved by Terence Tao!*（EDP28：テレンス・タオがついに問題を解決！）https://gowers. wordpress. com/2015/09/20/edp28-problem-solved-by-terence-tao/，20 September 2015

このブログ記事で，ティム・ガワーズは最初の数回の Polymath プロジェクトについて振り返っている。本来の目標である問題は解決しなかったが，彼は Polymath5 プロジェクトを成功とみなし，その理由を説明している。

- Erica Klarreich *A Magical Answer to an 80-Year-Old Puzzle*（80 年来の謎の魔法のような答え）*Quanta Magazine*, October 2015, https://www.quantamagazine.org/20151001–tao–erdos–discrepancy–problem/

一般読者を対象としたこの記事で，エリカ・クラレイッチはエルデシュの食い違い問題とタオの解法について説明している。エルデシュの食い違い問題をよく知らない人にとっては，この問題についての文献を読みはじめるうえで絶好の開始点になるだろう。

- Ursula Martin and Alison Pease *Hardy, Littlewood and polymath*（ハーディ，リトルウッド，Polymath），E. Davis, P. J. Davis（eds.）*Mathematics, Substance and Surmise*, Springer 2015, pp. 9–23, DOI 10.1007/978-3-319-21473-3_2, http://www.springer.com/us/book/9783319214726

この章で，アースラ・マーティンとアリソン・ピースは，20 世紀前半のハーディとリトルウッドの有名な共同研究と 21 世紀の Polymath の共同研究とを比較している。

素数間の有界な間隔：その起源とチャン・イータン

- D. A. Goldston, J. Pintz, C. Y. Yíldírím *Primes in tuples I*（素数の組 I）*Annals of Mathematics*, vol. 170（2009）, pp. 819–862, 概要：http://annals.math.princeton.edu/2009/170-2/p10（完全な論文は購読者のみ閲覧可能），プレプリント：https://arxiv.org/abs/math/0508185

この論文で，ダニエル・ゴールドストン，ヤノス・ピンツ，セム・イルディリムは，エリオット＝ハルバースタム予想が正しければ差が 16 以下の素数の組は無数に存在することを証明している。

- Yitang Zhang *Bounded gaps between primes*（素数間の有界な間隔）*Annals of Mathematics*, vol. 179（2014）, pp. 1121–1174, 概要：http://annals.math.princeton.edu/2014/179-3/p07（完全な論文は購読者のみ閲覧可能）

この論文で，チャン・イータンは差が 70,000,000 以下の素数の組は無数に存在することを証明している。

- Erica Klarreich *Unheralded Mathematician Bridges the Prime Gap*（新星のごとく現れた数学者が素数の隙間を埋める）*Quanta Magazine*, May 2013, https://www.quantamagazine.org/20130519–unheralded–mathematician–bridges–the–prime–gap/

一般読者向けのこの記事で，エリカ・クラレイッチはチャン・イータンの記念すべき大発見の物語を描いている。

- *Philosophy behind Yitang Zhang's work on the Twin Primes Conjecture*（双子素数予想に関するチャン・イータンの研究の背景にある考え方）http://mathoverflow.net/questions/131185/philosophy–behind–yitang–zhangs–work–on–the–twin–primes–conjecture/（2013年5月に開始）

チャン・イータンの研究のどこが画期的なのか，上限値をどこまで引き下げられるかについて，数学者たちがQ&A形式で議論している。

- Scott Morrison *I just can't resist: there are infinitely many pairs of primes at most 59470640 apart*（もう我慢できない：差が59,470,640以下の素数の組は無数に存在する）https://sbseminar.wordpress.com/2013/05/30/i–just–cant–resist–there–are–infinitely–many–pairs–of–primes–at–most–59470640–apart/, 30 May 2013

このブログ記事で，スコット・モリソンはチャン・イータンの議論を改良し，上限値のつかの間の世界記録保持者となった。

素数間の有界な間隔：Polymathプロジェクトとジェームズ・メイナード

- *Bounded gaps between primes*（素数間の有界な間隔）http://michaelnielsen.org/polymath1/index.php?title=Bounded_gaps_between_primes

Polymath8プロジェクトのホームページ。

- *Timeline of prime gap bounds*（素数の間隔に関する上限値のタイムライン）http://michaelnielsen.org/polymath1/index.php?title=Timeline_of_prime_gap_bounds

素数の間隔に関する上限値の最高記録を記載したウィキ形式の"リーグ表"。

- *Polymath8 grant acknowledgments*（Polymath8の助成金に対する謝辞）http://michaelnielsen.org/polymath1/index.php?title=Polymath8_grant_acknowledgments

Polymath8 の参加者が各々の貢献について記録し，必要に応じて助成金への謝意を示すためのページ。

- テレンス・タオのブログの Polymath セクション https://terrytao.wordpress.com/category/question/polymath/

Polymath8 の議論の大部分はタオのブログで行われたが，関連記事へのリンクをここにすべて貼るのは現実的ではないので，彼のブログのこのセクション全体に目を通すことをお勧めしたい。

- D. H. J. Polymath *New equidistribution estimates of Zhang type*（チャン型の新たな均等分布推定）プレプリント：https://arxiv.org/abs/1402.0811

Polymath8 の進展を記録した論文の1つで，2014年2月4日に arXiv に初めて提出された。

- D. H. J. Polymath *Variants of the Selberg sieve, and bounded intervals containing many primes*（セルバーグの篩の変化形，および無数の素数を含む有界な区間）プレプリント：https://arxiv.org/abs/1407.4897

この論文で，Polymath は特に差が246以下の素数の組は無数に存在することを証明している。2014年7月18日に初めて arXiv に提出。

- *Narrow admissible tuples*（幅の狭い許容集合）http://math.mit.edu/~primegaps/

アンドリュー・サザーランドがほかの数学者たちの協力を得て管理している許容集合のライブラリー。今もなお，素数の間隔について研究する Polymath 参加者らの貴重な資料となっている。第7章と第13章で紹介した許容集合はこのライブラリーより（後者はメイナードが使用した許容集合で，http://math.mit.edu/~primegaps/tuples/admissible_105_600.txt で確認可能）。

- James Maynard *Small gaps between primes*（素数間の小さい間隔）*Annals of Mathematics*, vol. 181 (2015), pp. 383–413, 概要：http://annals.math.princeton.edu/2015/181-1/p07（完全な論文は購読者のみ閲覧可能），プレプリント：https://arxiv.org/abs/1311.4600

この論文で，メイナードは新しいアイデアを提唱し，なかでも特に差が600以下の素数の組が無数に存在することを証明している。

- D. H. J. Polymath *The "Bounded Gaps between Primes" Polymath Project: A Retrospective Analysis*（「素数間の有界な間隔」に関する Polymathプロジェクト：事後分析) Newsletter of the European Mathematical Society, December 2014, Issue 94, pp. 13–23, http://www.ems-ph.org/journals/newsletter/pdf/2014-12-94.pdf

この記事では，Polymath8プロジェクトの10人の参加者が，プロジェクトに参加（またはプロジェクトを観察）した経験について個人的に振り返っている。また，素数間隔の研究に関連する数々の資料を網羅した貴重な参考文献リストも掲載されている。

- Terence Tao *Open question: The parity problem in sieve theory*（未解決の疑問：篩法における偶奇性問題）https://terrytao.wordpress.com/2007/06/05/open-question-the-parity-problem-in-sieve-theory/, 5 June 2007

このブログ記事で，タオは篩法の考え方や偶奇性問題の投げかける難問について紹介している。偶奇性問題に興味のある方は，タオの次のブログ記事も参照してほしい。*The parity problem obstruction for the binary Goldbach problem with bounded error* https://terrytao.wordpress.com/2014/07/09/the-parity-problem-obstruction-for-the-binary-goldbach-problem-with-bounded-error/, 9 July 2014.

- *The Pursuit of Beauty*（美の追求）*The New Yorker*, 2 February 2015, http://www.newyorker.com/magazine/2015/02/02/pursuit-beauty

チャン・イータンのプロフィールを紹介するとともに，素数の間隔に関する最新の理解について説明している。

- Erica Klarreich *Together and Alone, Closing the Prime Gap*（ひとりで，そしてみんなで素数の隙間を埋める）*Quanta Magazine*, November 2013, https://www.quantamagazine.org/20131119-together-and-alone-closing-the-prime-gap/

この記事で，エリカ・クラレイッチはジェームズ・メイナードの研究を含め，素数の間隔に関する2013年の大躍進について説明している。

- Andrew Granville *Primes in intervals of bounded length*（有界な長さの区間に存在する素数）*Bulletin of the American Mathematical Society*, vol. 52, no. 2, April 2015, pp. 171–222, http://www.dms.umontreal.ca/~andrew/PDF/Bulletin14.pdf

この論文で，アンドリュー・グランヴィルはチャン，メイナード，タオ，Polymathの研究を詳しく，それでいてたいへんわかりやすく説明している。

グランヴィルは論文の冒頭で，「何事も実現できることを証明してくれたチャン・イータンに捧ぐ」と献辞を述べている。
- Ben Green *Bounded gaps between primes*（素数間の有界な間隔）http://arxiv.org/abs/1402.4849

数学に関心のある一般読者に向けて，チャン・イータンらの研究を説明するためにベン・グリーンが準備した専門的な注記。

素数に関するその他の資料

- *Goldbach Conjectures*（ゴールドバッハ予想）https://xkcd.com/1310/

ゴールドバッハ予想や弱いゴールドバッハ予想に関するジョーク。

- H. A. Helfgott *The ternary Goldbach conjecture is true*（3素数のゴールドバッハ予想は正しい）プレプリント：https://arxiv.org/abs/1312.7748

この論文で，ヘルフゴットは次に挙げるコンピューター生成データに基づき，弱いゴールドバッハ予想を証明している。

- H. A. Helfgott and David J. Platt *Numerical Verification of the Ternary Goldbach Conjecture up to* $8.875 \cdot 10^{30}$（3素数のゴールドバッハ予想に関する $8.875 \cdot 10^{30}$ までの数値検証）*Experimental Mathematics* vol. 22（2013），pp. 406–409 http://www.tandfonline.com/doi/full/10.1080/10586458.2013.831742，プレプリント：https://arxiv.org/abs/1305.3062

- Ben Green and Terence Tao *The primes contain arbitrarily long arithmetic progressions*（素数の集合にはいくらでも長い等差数列が含まれる）*Annals of Mathematics*, vol. 167（2008），pp. 481–547 http://annals.math.princeton.edu/2008/167-2/p03，プレプリント：https://arxiv.org/abs/math/0404188

この論文で，グリーンとタオは50個や500個どころか，いくらでも長い等間隔の素数が存在するという有名な定理を証明している。

- Andrew Granville and Greg Martin *Prime Number Races*（素数競争）*The American Mathematical Monthly*, vol. 113, 2006, pp. 1–33 http://www.dms.umontreal.ca/~andrew/PDF/PrimeRace.pdf

この論文で，アンドリュー・グランヴィルとグレッグ・マーティンはいわゆる素数競争の最新の研究について，見事なほどわかりやすく，しかも詳しく説明している。好きな数を選び，その数までの4の倍数＋1の素数と4の倍

数+3の素数を数えると，ほとんどの場合は4の倍数+3の素数のほうが優勢だ（つまり個数が多い）。しかし，常にではない。いったい何が起きているのか？ この現象を一般化できるか？

- Kevin Ford, Ben Green, Sergei Konyagin, Terence Tao *Large gaps between consecutive prime numbers*（連続する素数間の巨大な間隔）*Annals of Mathematics*, vol. 183（2016），pp. 935-974，概要：http://annals.math.princeton.edu/2016/183-3/p04（完全な論文は購読者のみ閲覧可能），プレプリント：https://arxiv.org/abs/1408.4505

この論文で，フォード，グリーン，コニャギン，タオは間隔の大きい素数に関するエルデシュの有名な疑問に答えている。

- James Maynard *Large gaps between primes*（素数間の巨大な間隔）*Annals of Mathematics*, vol. 183（2016），pp 915-933，概要：http://annals.math.princeton.edu/2016/183-3/p03（完全な論文は購読者のみ閲覧可能），プレプリント：https://arxiv.org/abs/1408.5110

この論文で，メイナードは間隔の大きい素数に関するエルデシュの有名な疑問に答えている。

- Kevin Ford, Ben Green, Sergei Konyagin, James Maynard, Terence Tao *Long gaps between primes*（素数間の長大な間隔）プレプリント：https://arxiv.org/abs/1412.5029

この論文で，フォード，グリーン，コニャギン，タオはメイナードとともに，隣りあった素数の巨大な間隔に関する以前の下限値を改善した。

索　引

英数字

arXiv　89
MathOverflow　38
Polymath　71, 155, 204
Polymath5　79
Polymath8　86, 191, 206
Polymath8a　191
Polymath8b　191

ア　行

アダマール, ジャック　91, 157
一般エリオット＝ハルバースタム予想　195
イルディリム, セム　66
因数　8
ヴィノグラードフ, イヴァン　45
ウェアリング, エドワード　177
ウェアリングの問題　177, 187
エリオット＝ハルバースタム予想　68, 118, 162, 195
エルデシュ, ポール　56, 203
エルデシュの食い違い問題　79
エルデシュの予想　56
オイラー, レオンハルト　32, 112, 131
オーバーヴォルファッハ数学研究所　158

カ　行

解析学　114
概素数　43
ガウス, カール・フリードリヒ　34, 91
ガウス整数　145
可換　174
ガワーズ, ティム　58, 71, 201, 206

許容可能　64
許容集合　63
偶奇性　104
偶奇性問題　104
クラメール, ハラルド　96
クラメールのモデル　96
グランヴィル, アンドリュー　155
グリーン, ベン　60, 200
グリーン＝タオの定理　60
クンマー, エルンスト・エドゥアルト　142
公差　50
合成数　198
合同算術　167
ゴールドストン, ダニエル　66
ゴールドバッハ, クリスティアン　32
ゴールドバッハ予想　32, 177

サ　行

算術の基本定理　140
ジェルマン, ソフィ　33, 131
ジェルマン素数　35
四元数　173
実数　145
収束　114
条件つき　67
証人　64
ストロインスキー, ウーヴェ　82
セメレディ, エンドレ　57
セメレディの定理　56
セルバーグ, アトル　103
素因数　14
素因数分解　139
素因数分解の一意性　139

素数　8
素数競争　119
素数定理　92, 103, 200

　　タ　行
ダヴェンポート, ハロルド　188
タオ, テレンス　39, 76, 82, 86, 124, 156, 192, 200, 206
畳みこみ和　116
チェビシェフ, パフヌティ　91
チャン, イータン　23
調和級数　113
ディオファントス　130
ディリクレ, ペーター・グスタフ・ルジューヌ　91
ディリクレの定理　111
等差数列　50
特異級数　183
ド・ラ・ヴァレ・プーサン, シャルル　91, 157

　　ナ　行
ニールセン, マイケル　71

　　ハ　行
背理法　13
発散　113
ハーディ, ゴッドフレイ・ハロルド　44, 179
ハーディ=リトルウッドのk組素数予想　66
ハーディ=リトルウッドの円周法　43, 179, 189
ハミルトン, ウィリアム・ローワン　173
ヒース=ブラウン, ロジャー　67, 155
ピタゴラス数　129
ピタゴラスの定理　128

ヒルベルト, ダフィット　178
ピンツ, ヤノス　66, 89
フェルマー, ピエール・ド　130
フェルマーの最終定理　130, 145
フェルマーの定理　145
複素解析　94
双子素数　17
双子素数予想　23, 191, 197
プラット, デイヴィッド　47
篩法　43, 102
ブルン, ヴィーゴ　120
ブルン定数　120
ヘルフゴット, ハラルド　46
ポアンカレ, アンリ　81
ボンビエリ=ヴィノグラードフの定理　118, 160, 162

　　マ　行
マトマキ, カイサ　82
三つ子素数　48, 107
密度版ヘイルズ=ジュエット定理　75
矛盾　13
メイナード, ジェームズ　155, 191, 201
モリソン, スコット　38

　　ヤ　行
約数　8
ユークリッド　13
弱いゴールドバッハ予想　46

　　ラ　行
ラグランジュ, ジョゼフ=ルイ　34, 172
ラグランジュの定理　172, 177, 187
ラジヴュウ, マクシム　82
ラムゼー, フランク　56
ラムゼー理論　56
ラメ, ガブリエル　141

リウヴィル, ジョゼフ　141
リトルウッド, ジョン・エデンサー　44, 179
リーマン, ベルンハルト　91
リーマン予想　44, 67

ルジャンドル, アドリアン゠マリ　91
ロビンソン, ジュリア　29

ワ　行

ワイルズ, アンドリュー　131

ヴィッキー・ニール　Vicky Neale
オックスフォード大学数学研究所およびベリオール・カレッジのホワイトヘッド講師．一般の人々に数学を広めることに尽力しており，あらゆる年代の学生に数学を教えてきた豊富な経験をもつ．また，講演やメディア関連の活動にも精力的に取り組んでいる．2014年にオックスフォード大学へと移る前は，ケンブリッジ大学マレー・エドワーズ・カレッジのフェローおよび数学教務主任を務めた．ケンブリッジ大学トリニティ・カレッジ卒．同大学院では，加法的整数論の研究で博士号も取得した．

千葉敏生
翻訳者．1979年横浜市生まれ．早稲田大学理工学部数理科学科卒業．大学卒業後，翻訳を学びはじめ，現在では科学，自己啓発，ビジネス，社会全般など，幅広いジャンルの書籍翻訳を手がける．訳書に，『サッカーマティクス』『DARPA秘史』(光文社)，『クリエイティブの授業』(実務教育出版)，『反脆弱性』(ダイヤモンド社)，『クリエイティブ・マインドセット』(日経BP社)，『デザイン思考が世界を変える』『神は数学者か？』(早川書房)，『ハッパノミクス』(みすず書房)などがある．

素数の未解決問題が
もうすぐ解けるかもしれない。　ヴィッキー・ニール

2018年10月25日　第1刷発行

訳　者　千葉敏生(ちばとしお)

発行者　岡本　厚

発行所　株式会社　岩波書店
　　　　〒101-8002 東京都千代田区一ツ橋2-5-5
　　　　電話案内　03-5210-4000
　　　　http://www.iwanami.co.jp/

印刷製本・法令印刷

ISBN 978-4-00-005620-5　　Printed in Japan

ひとけたの数に魅せられて	M.チャンバーランド 川辺治之 訳	四六判 256頁 本体 2600円
おいしい数学——証明の味はパイの味	J.ヘンリー 水原文 訳	四六判 232頁 本体 2300円
微分、積分、いい気分。	O.E.フェルナンデス 冨永星 訳	四六判 224頁 本体 2200円
世界で二番目に美しい数式 (上)多面体公式の発見 (下)トポロジーの誕生	D.S.リッチェソン 根上生也 訳	四六判(上)224頁 (下)218頁 本体各 2400円
無限小——世界を変えた数学の危険思想	A.アレクサンダー 足立恒雄 訳	四六判 368頁 本体 3800円
数学魔術師ベンジャミンの教室 (レベル1)(レベル2)	A.ベンジャミン 熊谷玲美 訳	四六判 (レベル1)212頁 (レベル2)200頁 本体各 2000円
ロジカルな思考を育てる数学問題集 (上)(下)	S.ドリチェンコ 坂井公 訳	B6判(上)232頁 (下)234頁 本体各 1900円

——— 岩波書店刊 ———

定価は表示価格に消費税が加算されます
2018年10月現在